AIRCRAFT CARRIERS AT WAR

A Personal Retrospective of Korea, Vietnam, and the Soviet Confrontation

戰爭中的航空母艦 II

韓戰、越戰和對抗蘇聯的個人回顧

詹姆斯・L・霍洛韋三世（James L. Holloway III） 著

吳志丹　顧康敏　陳和彬　譯

國家圖書館出版品預行編目 (CIP) 資料

戰爭中的航空母艦：韓戰、越戰和對抗蘇聯的個人回顧 / 詹姆
斯 .L. 霍洛韋三世 (James L. Holloway III) 著；吳志丹，顧康敏，
陳和彬譯 . -- 第一版 . -- 臺北市：風格司藝術創作坊，2019.06
　　冊；　公分 . -- (全球防務；6-7)
　　譯自：Aircraft carriers at war : a personal retrospective of
Korea, Vietnam, and the Soviet confrontation
　　ISBN 978-957-8697-48-5(第 1 冊：平裝). --
ISBN 978-957-8697-49-2(第 2 冊：平裝)

　　1. 軍事史 2. 冷戰 3. 航空母艦 4. 美國

590.952　　　　　　　　　　　　　　　　　108008478

全球防務 007

戰爭中的航空母艦 II：
韓戰、越戰和對抗蘇聯的個人回顧

Aircraft Carriers at War:
A Personal Retrospective of Korea, Vietnam, and the Soviet Confrontation

作　　者：詹姆斯 ‧L‧ 霍洛韋三世（James L. Holloway III）
譯　　者：吳志丹、顧康敏、陳和彬
責任編輯：苗　龍

出　　版：風格司藝術創作坊
　　　　　235 新北市中和區連勝街 28 號 1 樓
電　　話：(02) 8245-8890

總 經 銷：紅螞蟻圖書有限公司
　　　　　台北市內湖區舊宗路二段 121 巷 19 號
電　　話：(02) 2795-3656
傳　　真：(02) 2795-4100
http://www.e-redant.com

出版日期：2020 年 11 月　第一版第一刷
訂　　價：380 元

本書如有缺頁、製幀錯誤，請寄回更換
ISBN　978-957-8697-49-2　　　　　　　　Printed inTaiwan

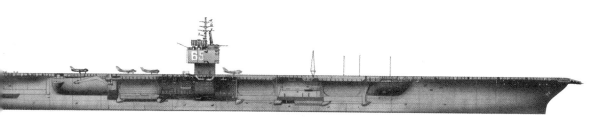

目錄
CONTENTS

第1章
「企業」號：越戰歸來

一九六六年十二月十日，天亮前不久，「企業」號在「揚基」駐泊點加入到由「富蘭克林·德拉諾·羅斯福」號、「提康德羅加」號、「小鷹」號航母組成的第77特混編隊。早上七點，發起了接下來5個月的對越南民主共和國的首輪突擊。對船員和艦載機聯隊來講，現在和去年七月「企業」號離開「揚基」駐泊點時相比幾乎沒有變化。美國空軍和海軍陸戰隊的岸基戰術飛機還在實施「滾雷」行動，轟炸的目標仍然是主要先由總統和五角大樓提供，再經太平洋戰區司令篩選確定。

缺乏變化的優點是，對70%的船員和艦載機聯隊飛行員來講，這是他們第二次到訪東京灣了，因此對作戰行動和作戰程序已經熟悉。這對飛行員很有幫助，他們依然熟悉攻擊越南飛機和防空系統的順序，熟悉越南的地形，熟悉空中操作規程。

對於飛行員來講，缺乏變化的缺點是轟炸明顯沒有進展。經過兩年的作戰，飛行員還在攻擊著相同的目標，一樣的橋樑、一樣的機場、一樣的停車場、一樣的導彈基地和一樣的電廠，而且轟炸目標的選擇仍然受白宮制訂的規則制約，這嚴重影響了飛行員戰術的發揮。制訂這些規則是為了避免「附帶損傷」，即防止誤擊附近的非軍事目標。大部分規則因為限制進攻方向而制約了飛行員的攻擊行動，卻有利於敵方利用高射砲進行防禦，這就降低了作戰飛機的生存能力。

現在，更多人認識到了「滾雷」行動明顯缺乏效果，因為選擇攻擊目標受限制，加上可以參加攻擊的飛行員數量也很有限。二〇〇四年，美國官方空軍關於「滾雷」行動的軍事分析認為：

> 「滾雷」行動從一九六五年二月二十四日開始，一直持續到一九六八年十月，其中也經常中斷。在這期間，美國空軍和海軍飛機的轟炸行動是為了迫使胡志明放棄其統治越南。這一行動開始主要是為了釋放美國政府堅定決心的外交信號，即給河內一個警告，如果胡志明不放棄他的野心，美國的軍事行動將會進一步升級。另外，也是給士氣日益低沉的越南共和國軍隊鼓鼓勁。

> 約翰遜政府同樣對攻擊目標的選擇作出了限制，因為一旦越南民主共和國遭到攻擊，中國和蘇聯會為了防衛共產主義陣營而捲入其中。所以，政府在試圖嘗試既能懲罰越南民主共和國，又不激怒中蘇兩國的合理手段。

美國空軍的領導認為，此次行動沒有明確的目標，行動發起人也沒有認真對作戰飛機和作戰人員進行成本估計。李梅將軍和其他人則認為應重點攻擊敵人軍事目標而不是打擊敵人的作戰決心，而且攻擊應該急速而尖銳，能夠迅速對戰場以及河內的政治領導人產生影響。

對「企業」號來講，第二次到訪東京灣時最大的變化是其艦上艦載機聯隊的組成。一九六五年，艦載機聯隊只有四個A-4「天鷹」輕型強擊機中隊。一九六六年，飛機的搭載發生了變化，其中的兩個中隊被一個擁有9架命名為A-6E的格魯曼「入侵者」飛機中隊所取代。「入侵者」是世界上最先進的全天候戰術飛機，且擁有巨大的承載能力，可以投擲15000磅的炸彈。它具備現代化的雷達和電子導航系統，由坐在串聯座艙中駕駛員右側的領航員兼投彈手操縱。「入侵者」在夜晚的低空和惡劣氣候條件下，能有效擺脫敵方雷達跟蹤，進而削弱地空導彈的攻擊效果。它可以利用測繪雷達探測目標或利用火控雷達

鎖定信號強的目標進行攻擊，如電廠、橋樑和鋼廠等。

憑藉其出色的負載能力和多功能戰術性能，「入侵者」飛機成為在白天攻擊敵方重點防禦目標的主要突擊力量。攜帶7～8噸炸藥，通過滑行或俯衝對目標進行精確轟炸，這比以前使用A-4「天鷹」戰機和F-4「鬼怪」戰機時的投彈量大為增加。這是「企業」號第二次部署到越南戰場了，艦載機聯隊擁有世界上最先進的作戰飛機，而且超過半數的飛行員至少在越南戰場上有過一次以上的作戰經歷，但這並不意味著此次征程將一帆風順。

一九六七年，各航母繼續參與到兩個獨立的空中作戰行動當中。「境內」空中作戰是指空軍、海軍和海軍陸戰隊戰術飛機密切支援美軍及其盟軍的地面部隊在越南共和國的地面作戰。美國空軍和海軍陸戰隊的戰術飛機從越南和泰國的基地起飛，投入作戰行動。另一個被稱為「特別行動」的空中作戰，是對越南民主共和國的本土進行轟炸。這個代號為「滾雷」的作戰行動，主要由海軍第七艦隊航母上的飛機和在泰國的空軍飛行聯隊負責實施。部署在越南共和國空軍基地的海軍陸戰隊「入侵者」戰機也加入到「滾雷」行動中。

這兩個空中作戰行動有一個明顯不同的特徵。在越南共和國「境內」作戰相對簡單且危險性較小。敵人防空火力較小，也沒有地空導彈和戰鬥機的威脅。因此，沒有必要攜帶干擾彈，也不需要戰鬥機的掩護。如果某架飛機被擊落，飛行員被營救的概率也很大，因為地面一般沒有敵對的普通民眾，而地面上的友軍就在附近，且可以很快得到陸基直升機的救援。

在越南民主共和國本土的空中作戰則是另一番景象。攻擊群要面對的是敵人最先進的防空武器和最猛烈的防空火力，面臨敵方戰鬥機、中高空防空導彈以及低空精確自導防空砲的威脅。因此，攻擊群必須要有戰鬥機、電子干擾機伴隨掩護，為躲避「薩姆」導彈的攻擊必須作各種空中規避動作，要攜帶反輻射導彈，還需儲備救援設備，以便偽裝和營救落地的機組人員。大部分飛機都是在越南民主共和國本土戰場被擊落的。儘管在很多情況下，機組人員都能有效彈出並利用降落傘安全降落，但是只有一小部分人能夠獲救。越南民主共和

國的防空火力太猛烈了，救援直升機飛行速度慢、高度低，很難穿越戰場實施營救。

除了幾次轟炸行動暫停期間外，航母主要負責在越南民主共和國戰場作戰。但也有一些航母上的戰術飛機按照常規計畫，投入到越南共和國戰場作戰。

攻擊越南民主共和國的艦載機是從北部灣內「揚基」駐泊點附近的航母上起飛的。在越南共和國戰場作戰的艦載機則是從北部灣南部「迪克西」駐泊點的航母上起飛的，「迪克西」駐泊點成為航母艦載機對越南共和國作戰的前進基地。因為作戰區域全部是在越南共和國境內，越南共和國空軍、美國空軍和美國海軍陸戰隊的飛機中隊部署在越南共和國本土，更容易達成作戰效果。因此，除非白宮下令暫停在越南民主共和國戰場的轟炸行動，航母的主要作戰任務還是在越南民主共和國戰場。

新調到西太平洋來的航母和艦上的艦載機聯隊，需要在「迪克西」駐泊點作戰一個月時間，這對艦上的官兵來講是項常規任務，這裡的作戰遠沒有越南民主共和國戰場那麼劇烈。安排新到來的航母先到「迪克西」駐泊點接受一個月低強度的戰火洗禮，這成為了海軍第七艦隊的一項基本政策。

通常，在「揚基」駐泊點至少保持有3艘航母全時在位。有時因為接班的已經到達，交班的還沒離開駐泊點，航母總數會達到4艘，甚至5艘。在戰爭後期，至少出現過一次有6艘航母在「揚基」駐泊點同時作戰的情況。保持最少3艘航母同時在位，可以保證對越南民主共和國目標實施每天24小時的轟炸。

大甲板航母，像「福萊斯特」級和隨後的「企業」號航母，通常可攜帶80到90架作戰飛機，包括2個中隊的F-4「鬼怪」戰機、2個中隊的A-4「天鷹」戰機、1個中隊的A-6「入侵者」全天候轟炸機。另外，還可攜帶直升機、加油機、偵察機和E-2預警機作為航母艦載機聯隊的有機組成部分。

「鬼怪」戰機中隊在執行空中巡邏任務時，裝載空空導彈，如「響尾蛇」

和「麻雀」III空空導彈。在執行武裝偵察和轟炸任務時，裝載500磅或250磅低阻力炸彈，或是空地導彈。「天鷹」戰機同樣是在執行轟炸和對地支援任務時，攜帶炸彈和空地導彈，並依靠飛行員的目視對目標進行定位攻擊。

「入侵者」是唯一具備全天候作戰能力的飛機。在越南民主共和國戰場中，他們利用自身雷達各自獨立地對目標進行攻擊。因爲其出色的載彈能力，「入侵者」也成爲白天的主要作戰行動，即「阿爾法」攻擊行動的主要力量。「鬼怪」和「天鷹」戰機同樣也要在晚上執行轟炸任務，他們利用照明彈照亮夜空，使用目視鎖定目標，發射炸彈和火箭彈進行攻擊。但「入侵者」在晚上一般獨自作戰，而「鬼怪」和「天鷹」戰機需要兩架協同才能完成任務。一些特別任務，如攻擊敵方雷達等，需要「鬼怪」或「天鷹」戰機攜帶反輻射制導導彈來完成。

航母執行任務時有兩種飛行作戰模式，一種是循環攻擊，另一種是「阿爾法」攻擊。在循環攻擊時，「企業」號航母每一個半小時起飛25～40架飛機執行一次作戰任務，按計畫「企業」號一天需要工作12小時，也就是說每個飛行日要按8班次輪換。第二組在第一組飛機起飛一個半小時後接替，第一組的飛機隨即歸艦。飛機降落後，迅速進行補油和補彈，飛行員進行短暫休整，在第二組快要降落前升空接班，擔負第三班次作戰任務。在一天中，航母兩組飛機交替進行作戰和休整補給，保證了在作戰目標上空全時的力量存在。在循環攻擊模式中，對某一目標的一次轟炸最大使用飛機數量爲20～30架。

「阿爾法」攻擊主要用於在短時間內對某一目標進行飽和攻擊，要麼是爲了達成震懾效果，要麼是爲了穿過敵人的重點防禦地區，比如海防和河內附近。事實上，在「阿爾法」攻擊中，所有能夠使用的艦載機都派上了戰場，還經常需要協調航線上的其他航母加入作戰，駐紮在泰國的主要空軍力量也常常參與其中。有時，因爲剛好處在航母換班時間，一下能聚齊5到6艘航母。這時，在經過海軍艦艇砲擊之後，空軍飛機到來之前，5艘航母在一個小時內對目標進行著猛烈轟炸。

「阿爾法」攻擊一般是由在西貢或夏威夷的高層決定的。有時，華盛頓出於某些政治原因，在不瞭解前線狀況的情況下，也要求對海防和河內實施重點攻擊。這就給空軍和海軍的飛行指揮員帶來了麻煩，因爲華盛頓的高層根本不瞭解前線在特定時間段或是這一年時間內的氣候是否滿足空中作戰條件。如果天氣條件不好，這麼多飛機同時聚集在有限的空域內將會帶來很多問題。

一九六七年的整個冬天，越南民主共和國上空的天氣格外惡劣，不利於飛機空中作戰，直到第二年春天才有所好轉。大部分時間，地面能見度低，雲層很厚，直到20000英尺高空，空氣裡嵌入著高湍流和水滴。因爲惡劣的天氣條件，各層級指揮官，從白宮到海上編隊指揮員，都爲空中作戰幾乎沒有取得任何效果而沮喪。華盛頓想要的只是作戰結果，海上指揮部只有積極去回應。具有全天候作戰能力的「入侵者」戰機拼盡全力，但大部分雷達信號強的目標都在被禁止攻擊之列，如河內市附近的商業區、工廠和海防市的港口設備等。那些被允許攻擊的軍事目標要麼是移動的，如卡車，要麼就是雷達信號比較弱的，如薩姆導彈基地和部隊集結地等。因此，一旦出現了適合空中作戰的好天氣，飛行中隊都會盡可能地起飛多個架次的飛機。只不過在這個冬天的大部分時間裡，飛行作戰都是危險和不利的。在多雲天氣執行任務的飛機猶如一隻等待薩姆導彈射殺的野鴨。要躲避防空導彈的攻擊，必須要有良好的能見度，飛行員能夠看到導彈的來襲。因爲要甩掉像薩姆導彈這種自導導彈，需要飛行員在最後一分鐘連續做5個高難度的翻轉動作。

一九六七年五月十九日，「企業」號航母上的4架A-6飛機組成編隊在執行轟炸河內郊外一個卡車停車場的任務時，遭到了越南民主共和國薩姆導彈和米格戰鬥機的協同攻擊。由8架F-4「鬼怪」戰鬥機組成的飛行編隊擔負掩護任務，負責高空警戒和對地面高射砲的火力壓制。「入侵者」戰機在15000英尺的高空穿過海防線，飛機上導彈預警系統的紅燈隨即持續閃爍，就意味著飛機被多個薩姆導彈基地鎖定。快接近目標上空時，「入侵者」下降到

8000英尺高度，不一會兒，飛行員在雲層中發現了3架米格-21戰機。當「入侵者」準備鑽入雲層躲避時，越南民主共和國的戰機迅速拔高並一個小轉彎迎頭趕上。這時，護航的F-4飛機加入到混戰當中驅趕米格戰機，也成爲了薩姆導彈的攻擊目標。當「入侵者」機群向左轉後一個俯衝轉彎攻擊目標時，密集的導彈火力發射過來，據一個機組成員計數至少有15枚導彈，其中大部分都是朝A-6戰機發射過來的。一架「入侵者」遭到了薩姆彈頭的致命攻擊，機組成員在4000英尺的高空彈射出來，降落在河內東北部一個叫做香蕉巷的山脊線後面。這架飛機的飛行員是指揮官尤金·麥克丹尼爾，也是「企業」號航母上的A-6飛機中隊，即第35飛行中隊的作戰指揮員，在降落不久即就被俘虜，這是他在越南戰場執行的第81次任務。他的搭檔，領航員兼投彈手，在高空彈射時嚴重受傷，降落後設法逃避了3天後才被敵人俘虜。但不幸的是，他沒有在囚禁生活中生存下來。

同時，擔負掩護任務的「鬼怪」Ⅱ戰機在持續的薩姆導彈密集火力攻擊下也遇到了麻煩。爲躲避導彈攻擊，雙機編隊的長機經過連續的俯衝轉彎後，已經下降到低空飛行，這時雙機均處在地面猛烈的自動防空砲火之中。編隊指揮員是「企業」號航母上兩個飛行中隊之一的第VF-96中隊的指揮官，他駕駛的飛機起火後，迫降到地面。也不知道是被薩姆導彈還是重型自動高射砲擊中的，這個指揮官和他後座的雷達截擊官雙雙犧牲。

在《榮譽之前》這本書裡，麥克丹尼爾少校記述了那天早晨他在飛行甲板上與我的交流：

> 當飛行員準備去河內執行一項重大的攻擊任務時，霍洛韋艦長正在飛行甲板上檢查。我正系安全帶時，他爬上了我的A-6戰機駕駛艙。他問道：「目標在哪兒？」我告訴他在河內市區。他緊接著說：「你會很順利的，我們準備了很多對抗米格飛機和壓制防空火力的彈藥。」我說：「希望您是對的。」霍洛韋拍了一下我後背，說道：

「祝你好運，我要他們給你留好午餐。」……六年後，當我從戰俘營出來時，我打電話給海軍上將霍洛韋，此時他已經是海軍第七艦隊司令員了。我問他：「您是否還給我留著午餐？」雖然在戰俘營裡待了幾年，我一直記著他最後送行時對我說的那幾句話。

目標

第77特混編隊作戰目標的選擇，要以華盛頓對太平洋司令部的總體政策指導為依據，有時華盛頓甚至直接確定需要攻擊的目標。華盛頓對目標選擇的指向也經常發生變化，取決於白宮的政治環境和五角大樓關鍵人物的參與程度。華盛頓的指導政策通過參謀長聯席會議渠道傳到太平洋司令部，由駐越援軍司令部司令威廉‧威斯特摩蘭將軍、航母指揮官、第七艦隊司令協調後提出一份打擊目標清單。清單的確定要貫徹國家和參謀長聯席會議的指示，要包括上級指定的所有目標，還要根據空軍和海軍的作戰能力特長，合理分配打擊目標。只要選擇的目標符合上級的要求，符合目標選擇的標準，第77特混編隊司令、第七艦隊司令和駐越援軍司令都有權增加目標選項。

第77特混編隊司令將目標清單和總體指導政策傳達給第77.0特遣編隊司令（一個海軍少將飛行員），他和他的部下就在「揚基」駐泊點的某艘航母上。然後，第77.0特遣編隊司令根據「揚基」駐泊點內航母在位情況及各航母上飛行編隊的兵力組成，給每艘航母分配具體攻擊任務。收到當天的空中作戰計畫後，各艘航母的作戰部門開始擬訂計畫表，給各飛行中隊明確具體任務架次。任務清單必須到達飛行中隊這一級，以合理分配作戰任務，同時能讓飛行員和作戰指揮員對即將執行的任務瞭然於胸。

前面所提到的，主要影響到前線的飛行機組成員，他們在整個越戰期間必須要在政策約束下執行作戰任務。起初，上級要求飛過越南上空時在沒有遭到敵人攻擊的情況下，不得主動攻擊。從理論上講，這是為了避免誤擊那些看似

軍事目標的民用目標。華盛頓還經常規定飛行的航線，對進攻和撤離的方向都作了要求。帶彈的飛機不得從河內和海防市的居民區經過，以防止飛機上的炸彈和武器不小心掉落到非軍事區域。

華盛頓對戰場飛機的這種精細化管理，包括規定飛行高度和攻擊方向，將激怒那些在前線執行任務的飛行員們。因為政策的制定者身處華盛頓，他們在指定飛行高度時未必能考慮到戰場的地面高度，在規定進攻和撤離的方向時未必能考慮到當時是日出還是日落。這裡只是列舉了其中兩個不合理的規定而已，這些規定限制了己方行動，卻十分有利於敵人的防空作戰。這僅僅是官僚政策之一，前線作戰人員在整個越戰期間必須去克服類似這些的官僚主義帶來的困難。

作戰效率錦旗

一九六七年二月，太平洋艦隊司令對駐在太平洋西海岸，擔負太平洋作戰任務的航母和飛行中隊進行每年的例行視察。海軍第七艦隊是其行程的重要一站，「企業」號航母被安排在視察之列。

「企業」號航母被告知太平洋艦隊司令，海軍上將艾爾．希恩將於二月二十五日乘坐艦載運輸機抵達位於「揚基」駐泊點的航母上，對飛行機組成員和艦員進行一次非正式探訪。他事先就強調這不是一次正式視察，不需要作特殊的準備，也不要去精心準備彙報材料。我們熟悉希恩司令的這些人聽到他這番話後感覺很舒坦，他將給我們一個肯定的評價，大家都很期待這是一次愉快的到訪。希恩司令和6名隨從參謀軍官在正午降落在「企業」號航母上，這時航母一天的作戰任務剛好結束。

希恩上將把自己安排在航母靠港時的艦長休息室裡，航母在海上時，這裡是閒置著的。當艦長住在應急艙時，休息室是經常在海上招待貴賓的地方。希恩邀請我和在「揚基」駐泊點的兩位少將——第77特混編隊司令和第

77.0特遣編隊司令，加入到他和他的隨從參謀中，就航母作戰問題進行了全面的討論。

希恩上將在組織我們開會時，提出一九六六年太平洋艦隊中航母作戰效率錦旗應該頒給誰，這是一個讓人激動的議題。希恩一開始就說，他和他的參謀們已經盡全力阻止「企業」號航母獲得這項榮譽。他的理由：一是「企業」號航母一九六五年十二月剛在「揚基」駐泊點加入到太平洋艦隊；二是「企業」號作為艦隊唯一的核動力航空母艦，有著較高的公眾知名度和認可度，因此，他認為應該讓更多的航母享受到被肯定的榮譽。

起初，當統計數據出來時，「企業」號的總體成績達到了優秀。參與評比的六個部門中，有四個部門的作戰效率堪稱標桿。希恩要參謀將統計數據拿了回去，增加競賽項目，想辦法不讓「企業」號航母獨占所有的獎勵。此時，我不確信希恩是不是在開玩笑，但艙室裡的其他人仍然保持著微笑。

希恩這時總結道：為試圖阻止「企業」號贏得作戰效率錦旗，他們對競賽數據進行了幾次重新統計，但最後他放棄了。因為除了承認「企業」號是這九艘航母中表現最為優秀的，且「企業」號的作戰情報中心和通信部門贏得了標桿部門外，他別無選擇。說話時，希恩轉向他的高級助手，助手從他的公文包中拿出一塊大的青銅盾牌，上面印有代表卓越的「E」字，這實際上是一塊對作戰效率優秀者的獎勵牌匾。這時，希恩婉轉地接著解釋道：他們都知道「企業」號應該真正獲得這個獎項，但從感情上講，他的參謀們在某種程度上希望一艘在太平洋艦隊服役時間長一點的常規動力航母能夠贏得這項榮譽。

頒獎結束後，我們在艦橋分別了，作戰效率獎勵牌匾真正歸屬了「企業」號。艦隊司令、特混編隊司令、特遣編隊司令以及他們的參謀們，還有我和「企業」號的同事們又重新回到了在越南戰場的各自崗位上。

戰爭委員會會議

一九六七年早春，第七艦隊司令建議組織美軍及盟軍在越戰中的主要負責人在「企業」號航母上召開了一次委員會會議。因為得到了韋斯特摩蘭將軍的贊同，會議被提上了日程。不過坦率地講，對於正積極進行作戰行動的戰艦來講，這是一個極大的負擔。「企業」號脫離戰場一整天，前往距西貢30英里處為會議提供場所。美國駐越大使亨利·卡伯特洛奇、越南戰場美軍最高指揮官韋斯特摩蘭將軍、美國陸軍司令艾布拉姆斯將軍、越南共和國總統阮文紹將軍和總理阮高其，加上他們的副官和參謀們以及第七艦隊的所有編隊指揮官都被空運到了「企業」號航母上，其中大部分是乘坐8座的C-1艦載運輸機過來的。

阮高其總理是越南共和國空軍的最高指揮官，在飛往「企業」號航母時，他堅持要坐在艦載運輸機的副駕駛位置上，在操縱飛機降落時差點和海軍飛行員爭鬥起來。美國駐越大使、韋斯特摩蘭將軍、阮文紹總統和美國海軍航空兵中的高級將領們都要求乘坐A-6「入侵者」戰機，坐在領航員兼投彈手的坐位上。這真是對海軍智慧的一次實際考驗，因為每位權貴都要穿上降落傘背帶，然後按照飛機作戰時的安全檢查程序進行嚴格檢查。

會議在「企業」號航母的作戰室召開，過來參與會議的總人數有1100到1130人。下午一點，在「企業」號高級軍官臥室的盡頭，提供了簡便的午餐，整個午餐貫穿了美國將領和越南共和國領導人的演說，也充滿了裝著無酒精香檳的酒杯。午飯後，在飛行機庫里開始了讓人印象深刻的頒獎典禮，阮文紹總統和阮高其總理給第七艦隊的編隊指揮員們和第77特混編隊的航母艦長們授予獎章。緊接著是歡送儀式，權貴們乘著航母甲板邊緣的升降梯到達飛行甲板。然後，他們坐上了自己的飛機飛往西貢的軍用機場。

當天下午六點，「企業」號航母按照計畫派出了60架A-4「天鷹」戰機和8

架F-4「鬼怪」戰機恢復了對越南南方民族解放陣線的攻擊行動。

節目表演

　　並不是所有到訪「企業」號的人員都是為了公務。一九六六年五月，一個慰問越南戰場地面部隊的勞軍聯合組織的劇團同意來艦上表演，以換取在艦上用淡水淋浴、吃一頓熱飯和在乾淨的被單上睡一晚。航母上的飛機機庫甲板是一個很好的演出會場。「企業」號離開西貢前往「迪克西」駐泊點，開始從早上八點到晚上八點，執行相對簡單的作戰任務。

　　下午三點左右，劇團成員包括丹尼・凱和瑪莎・雷伊，乘坐兩架艦載運輸機降落在航母上。晚上八點，飛行作戰任務結束後，劇團的表演在飛機庫甲板開始了。事實上，當時除了值班人員，所有艦員都觀看了演出，有些甚至懸掛在橡下觀看。因為有丹尼・凱和瑪莎・雷伊這樣的明星演員，簡單的表演都會讓人感覺到有趣，大部分的演出都相當的令人愉悅。因為演出時間要與艦上的作戰時間相適應，劇團成員只得在航母上度過這一夜。表演晚上十點結束，從「迪克西」駐泊點飛往西貢是件十分冒險的事情。所以瑪莎・雷伊被安排住在艦長休息室裡過夜，在航母靠港時這裡是我住的艙室。

　　第二天，在劇團登上他們的運輸機返回西貢前，他們利用早上的時間參觀了艦員的工作場所。丹尼・凱是一個經驗豐富的飛行員，有自己的雙發私人飛機，他在早上參觀了飛行員的準備室。在離開前，他收集了飛行員妻子們的電話號碼，說是等他回好萊塢後將給飛行員的妻子打電話，告訴她們飛行員在「企業」號航母上一切都好。我的妻子戴布尼證實了丹尼・凱的確按照他所說的去做了，是用一種非常客氣和令人愉快的方式打的電話。

　　我下到船艙護送瑪莎・雷伊到飛行甲板上乘坐飛機，一邊告訴菲律賓服務員：「不要動這些被單。」一個星期之後，在一個允許「煙民」活動的機庫里，這些沒洗的被單被拍賣了。據拍賣的年輕艦員講，瑪莎・雷伊睡過的被單

有股香味。經過一番熱烈的出價之後，最終以200美元成交，這些錢被轉入「企業」號的娛樂基金裡面。原來的買受人轉身又將他的兩條被單以每條125美元的價格賣給了同艦的其他兩個艦員。來自祖國人民的簡單慰問竟給艦員們帶來了如此之多的樂趣，真是太棒了。

在接下來的航程中，「企業」號能夠一如既往地按照自己設定的高標準和艦隊的要求完成任務，並贏得了作戰效率獎章。不僅在空中作戰和補給方面繼續表現出色，艦員們同樣「在調遣中受到表彰」。當五月「企業」號訪問香港時，當時的高級軍官、英國海軍上將說了下面的話：「在不久前訪問香港時，你們出色的水兵在岸上休息時用他們的模範行為再一次贏得了我的尊重。」

艦載和陸基戰術飛機

海軍第七艦隊和第77特混編隊的航母在整個八年的越戰中發揮了主要的作用。對越南民主共和國的轟炸中，超過半數的飛機是從航母上起飛的。

對空軍和海軍戰術飛機在這場戰爭中的作戰行動進行比較是件有趣的事情。空軍的主要基地是在泰國境內，因為距離較遠，攻擊群在進入戰場途中需要在空中加一次油，有時還需要加兩次油，攻擊完後將向東飛過北部灣上空。到北部灣上空後，在海軍「紅冠」巡洋艦的指揮控制下，從關島過來的707加油機群對其進行第二次或是第三次加油，加油後才能飛回泰國的基地。空軍主要實施一連串的「阿爾法」攻擊。而海軍主要實施循環攻擊，在作戰需要時偶爾也加入到「阿爾法」攻擊行動中。不斷循環攻擊轟炸的目標最多，但比起參與阿爾法攻擊和空軍的作戰任務，每次作戰行動都要相對容易。

航母可以在北部灣內到處移動以便更接近作戰目標，因此不需要進行空中加油或是可以減少加油次數。這一點很重要，因為可以減少航母上很多的空中加油設備。通常，艦載加油機只在緊急情況下使用，如出現一些計畫外情況，

飛機還沒來得及加滿油，像參加營救行動或是出現戰機時的臨時作戰任務。例如有一次，在對海防市實施「阿爾法」攻擊行動時，「企業」號航行到距海防港口30英里內起飛艦載機群，A-4「天鷹」戰機就可以卸掉副油箱，換掛上3個1000磅的炸彈。

要點重述

一九六七年六月，「企業」號航母結束在越南戰場的第二次作戰行動，回到了太平洋艦隊的母港阿拉米達。這次離開母港共230天時間，其中在「揚基」駐泊點有5次連續工作達30天，總共從甲板上起飛飛機14000架次，其中11470架次是執行作戰任務，總計運輸14023噸軍械器材。這意味著在敵人嚴密防守下，平均每天需要投放114噸炸藥。

在執行這次任務的過程中，「企業」號航母靠油輪補給41次，平均一次加航空汽油55.5萬加侖，從航行中的彈藥船上補給彈藥39次，平均一次裝載300噸炸彈和導彈。像其他所有作戰行動一樣，「企業」號和艦上的飛行聯隊也付出了代價，在敵人的砲火下，損失了20架飛機和80名飛行人員。

一九六七年七月十九日，我要離開「企業」號航母了，在這艘艦上擔任艦長已整整兩年時間。在阿拉米達的指揮權交接儀式上，「企業」號航母及第九艦載機聯隊獲得海軍單位表彰，這是大家夢寐以求的榮譽，也是對「企業」號和艦上勇敢的艦員們在一九六五年到一九六七年越戰中優異表現的最好肯定。

儘管我在「企業」號任職期間獲得了美國、越南共和國和韓國的獎勵勳章，但也許最讓我感到滿足的是三五年後，我在電腦桌面上無意中看到「企業」號上的一名老艦員通過電子郵件表達的對我的肯定。我不得不承認我被他的話深深感動了。遺憾的是，回復郵件後我未能聯絡到他。我想要感謝他和他所代表的「企業」號上超過6000名的艦員，正是因為他們為使命而獻身的精神

才成就了「企業」號的偉大。

親愛的閣下：

　　我上網時無意間發現了你們的網頁。在一九六六～一九六八年這段時間，我在美國「企業」號航母上服役。我服役時的第一任航母艦長是詹姆斯・霍洛韋三世。看完你們的網頁後，我才知道他是你們基金會的主席。最近幾年，我一直在打聽詹姆斯・霍洛韋三世的情況。當知道他在你們基金會工作後我很激動。在「企業」號上，我是第一部門的勤務軍士。我的職責是作為一名舵手負責在駕駛臺值班，很有幸在這位偉大的人手下工作了很長時間。甚至有幾次我操作艦艇偏離航線好幾度時，還聽到了他大聲叫我糾正航向。我是在一九六八年十二月離開這艘艦的，那時我是個勤務軍士三等兵。我記不清霍洛韋上將具體是什麼時候離開「企業」號的，但我可以肯定是在一九六六年或一九六七年。我後來遇到的兩任艦長都替代不了他的地位。

　　這兩位艦長都是很好的人，但是所有人都記著霍洛韋上將，他是第一任核動力航空母艦艦長，這艘艦參與了越南戰場作戰。在我心裡的某個特定角落始終給他留著位置。這聽起來似乎是老生常談，但在我生命中他的確激勵著我。很多個日夜裡，我在駕駛臺上值班掌舵，在執行作戰任務過程中，當噴氣式飛機在甲板上呼嘯著等待升空，當裝載著彈藥的飛機在空中盤旋著等待降落時，我會留意他是怎麼完成工作的。從他臉上和眼睛裡透露出一種讓周圍所有人都感到安全和舒適的自信，讓人覺得他將做出的每個決定都是正確的。那時我只有18歲，在向他學習的過程中我成長得很快。儘管他可能都叫不出我的名字，但我認為他幫我指引了積極的人生方向。最近，我發現前幾年他參加了一個「企業」號的社團聚會，並作為嘉賓發了言。如果事先知道，我會不惜一切代價到場的。通過電子郵件或是美國郵政可以聯絡

到他嗎？或是這個電子郵件就能傳到他的手上了？在接下來的日子裡，我會繼續瀏覽你們的網站，並希望在將來能有機會參觀你們的基金會。我感覺你們能幫上忙，因為霍洛韋將軍是基金會成員，他會合你們有聯繫的。

愛德華·梅納爾，勤務軍士三等兵，馬薩諸塞州北橋

第2章

五角大樓：航母計畫管理者

一九六七年十一月，我在五角大樓海軍作戰部部長辦公室參加了一個海空軍聯合技術標準委員會組織的會議。散會後一位空軍上將轉向我（我當時穿著藍色的海軍制服），指著牆上掛著的一幅「福里斯特爾」級航母的大幅照片對我說：「好漂亮的照片，這是艘什麼船？」我回答說：「那是艘航母。」他停頓了一下，得意地笑了，「噢，是的，我不認識它，因為它沒有起火。」

那年七月八日「企業」號航母到達了阿拉米達海軍航空兵基地，停靠在它自己的碼頭上。10天後，也就是我擔任「企業」號艦長兩年後，肯特‧李艦長接替了我，激動人心的指揮權交接儀式是在飛機機庫甲板上舉行的。我奉命去海軍作戰部部長辦公室報到。我剛到五角大樓，就被安排面見海軍作戰部部長湯姆‧穆勒上將。我已經被選為少將，但是沒有我的編號──儘管實際上已經被提升了。法律規定的海軍現役高級軍官編製有限，現在還沒有空缺。所以我還只是名上校艦長，決策部門這麼早的召喚讓我有點驚訝。

穆勒上將對我表示熱烈歡迎，隨即步入正題，迅速提出了他的計畫。幾星期前，在越南沿海執行作戰任務時，「福里斯特爾」號航母遭遇了一場特大火災──大火燒毀了大量的艦載機，嚴重損毀了飛行甲板、飛機機庫甲板和大量的飛行勤務設備。不僅很多艦載機部隊官兵和航母船員在大火中喪生，航母本身也受到了嚴重破壞，要在船塢公司花費一年的時間去修理。在那段時間裡，美國的航母作戰力量不得不減少一艘──當一艘航母離開艦隊後，沒有多餘的

航母能補充進來。

　　穆勒上將和海軍高層領導最爲關切的是記者們的反應。記者們很快就要問：如果「福里斯特爾」號航母在一次平時事故中都會遭受毀滅性的破壞，那麼是否意味著航母在作戰中更加脆弱？進一步講，航母在非作戰時都存在這麼多問題，這就不禁讓人考慮在這樣一個脆弱的作戰系統上投入數十億美元、先進技術、熟練的技術工人是否值得？穆勒認爲美國海軍航母的前景已經危在旦夕了。

　　穆勒計畫要我盡可能組織一個最優秀的團隊以全面檢查航母存在的安全問題，並提出能夠降低航母在災難性火災中受損程度的措施，避免再發生類似「福里斯特爾」號航母上的事故。我被安排擔任這個研究團隊的執行主管，要求提出能夠顯著改善航母安全性能、最大程度降低航母火災和爆炸事故隱患苗頭的行動計畫。按照規定，我必須在三個月內提交一份全面的報告和一系列建議給海軍作戰部部長。爲突出對此項研究的重視程度，穆勒上將召回了一位退休的海軍四星上將（飛行員吉姆・羅素）擔任研究團隊的名譽主管。吉姆・羅素上將是德高望重的前海軍作戰部副部長和前航空局局長。

　　美國空軍參謀長將這次大火事件看成是航母本身固有的問題，而且他對航母的這種批判意見正被國會議員們所認同。整個航母建造計畫，包括在建的「約翰・菲茨傑拉德・肯尼迪」號和所有後續建造的航母都將可能被取消。穆勒上將希望通過研究團隊的努力能夠消除，至少不要惡化外界對海軍航母力量的批評，最終改變航母的安全現狀，以真正減少航母上日常性處理數千噸易燃燃料和彈藥時的安全隱患。

　　讓外界知道由一名資深四星上將負責的研究團隊正努力工作，可以展示出海軍對這個問題的深切關注以及海軍作戰部部長要解決這個問題的決心。儘管羅素上將是研究團隊的名譽主管，但是他已經退休很久，相當長一段時間沒有接觸航母了。作爲行政主管，所有事情都落到了我的頭上，比如組建團隊、招聘研究成員、組織保障人員、布置工作場所，當然還包括安排停車場。

海軍上將穆勒發布了我起草的優先事宜，要求海軍作戰部各辦公室和各技術部門按照行政主管的要求調遣人員。這些聽起來是老生常談。跟以前一樣，人事問題依舊存在。當各辦公室和技術部門接到調撥人員的要求後，它們並不打算將最有經驗和才華的人才派去執行為期三個月的專案組任務，尤其是這些有能力的人才正是他們的長期任務所必需的。這些部門配備的人員只夠執行分配給部門的職責，很少有閒散人員。因此，海軍作戰部和技術部門只會把能力最差的工作人員調遣給研究小組，這是一個不爭的事實。至少向研究小組調遣人員的工作迅速完成了。7～10天，研究小組的基本框架就搭建起來了，在海軍分析中心也有了辦公室。

後來，在給穆勒上將的個人備忘錄中，我報告說，雖然研究小組的人員中沒有超級巨星，但他們都是良好的海軍軍官，在此危急之際，他們沒有推卸繁重的工作，反而占用了大量週末時間工作。海軍作戰部部長應該為它的軍官隊伍素質感到自豪，甚至一般水平的軍官也可以在危急情況下表現出非一般水平的能力。

研究小組中有6名海軍軍官（大多是少校和中校），以及3或4名來自海軍實驗室的文職科學家和工程師。文職人員並不一直參與研究，但隨叫隨到，他們是聯繫所在實驗室其他人才的渠道，為研究出一份力。穆勒曾向羅素保證，他並不是以全職的身分出現在華盛頓。我安排了研究小組的組織結構，勾勒出攻堅計畫，並指定了各項要完成的任務。我接手此項工作感覺很愉快，因為我彷彿完全置身於過去兩年在「企業」號航母的艦上作業中，這些作業幾乎全部都與加滿燃料的飛機和爆炸物的飛機操作有關。當然，還有許多工作要做。首先，對航母事故的信息進行收集和評估。其次，對航母上各種彈藥和加油系統的方面進行可靠性和安全性分析。再次，開發有助於消除潛在危險的設計、生產和交付技術。最後，我們還得確保我們的安全措施在作戰時不會干擾武器的運行過程，以及戰鬥中彈藥或加油系統的有效使用。

向海軍作戰部部長提交報告的截止日期前一星期，基本工作已完成，剩下

的工作是對草案進行最後的完善，並根據海軍作戰部部長的最新要求，列出研究小組向海軍提出的補救建議清單，估計這些措施的大概成本，確定相應計畫或方案需要的國會撥款。穆勒上將接到了研究小組的報告，海軍作戰部部長指示參謀人員給海軍部部長起草贊成文件，稱海軍作戰部部長同意研究小組的所有建議，並打算實施補救行動，如果有必要的話，應立即考慮獲得國會通過。爲支持這些補救行動，穆勒上將授權重新規畫現有資金，他認爲這將糾正航母在特大火災中的弱點。

海軍技術部門和實驗室完全支持該研究的基本原理和結果，很大程度上是因爲他們的人員曾參與研究工作。爲了支持這些建議，海軍作戰部部長認爲應該重新規畫現有資金，而不是用海軍器材司令部的預算來塡補。穆勒上將對這份報告技術方面的瞭解及其處理局勢的有效方法起了很大的作用，這是因爲他曾掌管過維吉尼亞州欽科蒂格的海軍航空武器試驗站兩年。湯姆‧穆勒任期結束六年後，我擔任了這個職位。

在這次航母研究過程中，許多由管理效率低下導致的問題浮出水面。在研究報告發布後幾天，我與海軍作戰部部長進行了私人會談。我私下向穆勒上將建議，爲「海軍航母計畫」設立一個專門的管理崗位。因爲根據航母研究中的經驗，航母的設計、建造、使用和檢修等各方面的權力和責任分散於海軍作戰司令部、海軍部、海軍系統司令部、海軍實驗室、核能理事會合原子能委員會，不利於問題的集中解決。此外，艦隊指揮官開始權衡艦載機補充、船舶部署和軍力水平的問題。

穆勒上將承認，過去一年中他一直懷有這種想法，並同意是時候這麼做了。他接受建議的條件是裡科弗將軍也表示同意。我與裡科弗取得了聯繫，他不僅表示同意，更是積極支持重組，並建議委派我作爲第一任管理者來負責新計畫和功能的建設。裡科弗的主要動機可能是讓他的人在陸地上有一席之地。

武器系統「計畫」的組織規則是根據海軍部部長指示來明確界定的。給計畫管理者的指示來自海軍器材司令部，還要聽從海軍中將I.J.加蘭廷（他直接向

海軍部部長彙報）的指揮。在海軍作戰司令部，計畫管理者所對應的崗位被稱作計畫協調員（向海軍作戰部部長彙報）。

在幾天之內，我給海軍作戰部部長起草了一份指示——在海軍作戰司令部設置航空母艦計畫協調員（OP-03V），在海軍器材司令部設立航空母艦計畫管理辦公室。這就是當時海軍中眾所周知的指示。海軍作戰部部長要求海軍人事局指派海軍少將霍洛韋擔任這兩個職位。

航母計畫的大部分實質性決定都來自於海軍作戰部部長、海軍作戰司令部中負責作戰的參謀、裡科弗將軍和他的海軍反應堆技術問題專家。裡科弗當時正在開發雙反應堆核推進裝置，以取代「企業」號上使用的8反應堆核推進裝置。當然，裡科弗希望把他的努力作為核動力航母計畫整體的一部分，所以他向OP-03V提供自己的工程師。他們是世界上最好的工程師。裡科弗願意動用自己的經費（國會保證他總是有足夠的經費）來保證航空母艦的各部件（不僅包括核推進裝置，還包括彈射器、彈藥電梯和電子系統）得以正確地設計和製造，性能標準要達到裡科弗對核工程的要求。

有了穆勒的支持，一切都不是很難。新的機構迅速成立，航母計畫協調員成為負責艦隊作戰和戰備的海軍作戰副參謀長的特別助理，有權直接向海軍作戰部部長彙報。OP-03V的主體是參謀機構，機構大小最終由計畫規模決定。OP-03V最初的授權為一位海軍少將，由一位上校、一位中校、一位少校和一個GS-6打字員輔助。五角大樓的辦公室已經人滿為患，這個立足之地來之不易。五角大樓五樓的一個掃帚儲藏室被改成一間小的辦公室，並承諾在6個月內按照任職者的軍銜安排更合適的地方。根據手頭已有的航母弱點研究文件，尚顯稚嫩的組織開始工作了。下一步就是要確保所有交給海軍作戰部的帶有「航空母艦」或字母「CV」的信函將經過OP-03V之手。穿制服的參謀人員、上校、中校和少校都來自航母研究小組。這些人查閱海軍作戰部部長辦公室的協議，拜訪空戰辦公室、作戰和備戰辦公室、計畫和規畫辦公室的副官，複印了有關航母各方面的所有資料和信件。此時，第一臺「施樂」牌複印機抵達五角大樓，

這使得複印工作變容易了。穆勒上將同意該計畫後僅幾個星期，OP-03V就已步入正軌。這很大程度上是因為海軍作戰戰部長做出了榜樣。他本人一直忙著與我們辦公室專門處理航母問題，海軍作戰部的其他部門要麼跟隨他，要麼跟不上隊。

運轉中的OP–03V

與寒酸的辦公室相比，OP-03V的影響力顯然大得多。4位軍官和1位祕書坐在兩個小房間中，其中的一個房間原先是用來清洗拖把的大水槽，現在用來盛放重要信件。我們的名聲越來越大。一天，在海軍部部長辦公室參加完一個有關紐波特紐斯造船廠（唯一能夠生產核動力航母的造船廠）合同的會議，我走下五角大樓的E環返回自己的辦公室，負責金融管理的海軍助理部長巴利‧希利托與我同行。我們聊了幾分鐘最近關於航母計畫的決定，希利托說，「我很高興地看到，海軍在這個非常重要的領域擁有一位計畫管理者。這些天我要去你的辦公室，看看你們是怎麼工作的。」我知道希利托心裡想的是什麼──一個很大的閣樓，幾十位戴著綠色遮光罩的工程師和分析師正盯著有關海軍航母艦隊設計、建造、維護和當前運行情況的圖樣和電子錶格。我不反對訪客來五樓辦公室參觀，也不介意暴露我們的原始環境。我從裡科弗那裡學到了一個道理──你的同事（你的競爭對手）如果看到你的工作環境像OP-03V這般寒酸，就不會那麼貪圖你所擁有的了。但是很少有人參觀五角大樓的五樓。

一九七〇年春天，OP-03V遇到了一次重大的危機和考驗。參議院民主黨人在沃爾特‧蒙戴爾參議員（後來成為民主黨副總統候選人）的帶領下，進行了一場削減國防預算和縮小軍隊規模的運動。他們最初的目標是高成本的預算項目。核動力航母是他們的主要目標。眾議院和參議院成員組成的聯盟也加入了這次運動，他們被說服了，認為美國海軍應裝備小型（2.5萬噸）航母和低成本的輕型飛機，以「減少艦隊的弱點」，並降低整體國防開支。

　　參議員蒙戴爾提出一項一九七一年授權法案修正案，要求不再授權另一艘核動力攻擊航母的建造或提前採購，直到眾議院和參議院武裝部隊委員會組成的一個聯合小組委員會對航空母艦與特混編隊的過去與預計成本和有效性進行全面的研究，通過對目前海軍15艘航母力量水平的必要性的審查，以確鑿證據向國會證明美國確實需要大型航母艦隊。當然，這項修正案成爲了法律。

　　國會決定舉行聯合聽證會，由斯坦尼斯參議員主持，並包括下列成員：參議員斯都爾特‧賽明頓、亨利‧傑克遜、斯特羅姆‧瑟蒙德、約翰‧陶爾、約翰‧墨菲和眾議員查爾斯‧貝內特、山姆‧斯特拉頓，羅伯特‧斯塔福德。在行政部門這邊，海軍被指定爲牽頭機構，海軍作戰部部長任命我爲主要證人。我的主要職責是起草和發表海軍的聲明。海軍部部長約翰‧查菲、海軍上將穆勒、海軍中將裡科弗和參謀長聯席會議主席惠勒將作證支持。參議員蒙戴爾是對方的主要證人，他得到了自己幕僚的支持，包括武裝部隊委員會的幕僚、一些參議員和反對航母的國會議員，以及很多來自當地智庫的民間顧問，如布魯金斯和喬治敦戰略與國際研究中心。委員會允許我在作證中對他們的發言進行反駁。

　　聽證會於一九七〇年四月七日至十六日舉行，報告日期爲一九七〇年四月二十二日，證詞達767頁。得出的結論是：「強烈建議國會批准總統提出的1971財年CVAN-70長期建設項目經費要求。」投票委員中只有參議員賽明頓（《一九四七年國防部重組法案》成立空軍後，他曾擔任第一任空軍部部長）棄權，其他一致同意該決定。這次行動是個分水嶺，國會牢固樹立了未來持續裝備核動力航母的承諾。蒙戴爾修正案有關未來美國海軍航母計畫的負面條款被徹底否決。

　　美國海軍認爲，有關蒙戴爾修正案進行的斯坦尼斯聽證會對海軍和核動力航母計畫非常重要，CVAN-74因此被命名爲「約翰‧C.斯坦尼斯」號。即便是在未來的核動力航母計畫中，OP-03V支持核動力航母的證詞也是美國海軍造船

計畫中注重航母的基本理由。直到二○○六年，OP-03V還在爲海軍作戰部忙著監督「喬治·H.W.布希」號的服役事宜。OP-03V計畫在塑造今天的航母力量過程中發揮了很大的作用，其中包括10艘「尼米茲」級航母：「尼米茲」號、「艾森豪威爾」號、「凱爾·文森」號、「西奧多·羅斯福」號、「亞伯拉罕·林肯」號、「喬治·華盛頓」號、「約翰·C.斯坦尼斯」號、「哈里·S.杜魯門」號和「羅納德·雷根」號；二○○三年，「喬治·H.W.布希」號航母在紐波特紐斯造船廠安放龍骨。

在計畫的全部建造過程中，「尼米茲」級航母的主要特徵一直保持不變：兩個12萬馬力的核反應堆推動4個螺旋槳軸，總長度1092英尺，飛行甲板寬252英尺，水線處寬134英尺，滿載排水量約9.7萬噸。這些航母的航速超過30節，相當於超過34英里/時。正常載機數量爲85架作戰飛機，航母船員和艦載機聯隊機組成員加起來超過5000人。「喬治·H.W.布希」號航母當前的造價爲約45億美元。

八年以後，我再次遇到了弗里茨·蒙戴爾。我們是在阿靈頓公墓附近見的面——美國空軍上將查佩·詹姆斯的靈柩正從教堂送至墓地，我們走在靈柩後面。當時蒙戴爾是吉米·凱爾總統的副總統，我是剛剛卸任的海軍作戰部部長。我們回憶起一九七○年有關航母的聽證會，蒙戴爾說：「在我辦公室的牆上，仍然掛著你的畫。」我很驚訝，問道：「我的畫？」「嗯，」他說，「你在那張繪有航空母艦的畫上寫著『蒙戴爾參議員，如果你能在航母的授權法案上投贊成票，我們可能以你的名字來命名一艘航母。』」我完全忘了這件事，但當時這是以禮貌的方式表示友好，不管參議院中的政治多麼複雜。

航母手冊

OP-03V進行的項目之一是編寫一本手冊大小的出版物，名爲《所有你對航空母艦想問而不敢問的問題》。我曾與裡科弗將軍的參謀戴維·萊頓商量和

起草過一份文本，然後與紐波特紐斯造船與干船塢公司出版了這本手冊——採用非常有吸引力但又專業務實的格式。我記不清印刷了多少本，但數量有足夠海軍作戰部、船舶系統司令部、航空系統司令部和國會所有辦公室人手一本。其他手冊發給了相關團體，如海軍航空兵協會合尾鉤協會。當時出版這樣一本便於攜帶和易讀的小冊子有兩個目的：向那些想瞭解航母的人傳播信息，確保那些負責推動航母計畫的人口徑一致。事實上，航母計畫辦公室發行的這本手冊幫助一九七七年的「德懷特‧D.艾森豪威爾」號航母和一九七九年的「凱爾‧文森」號航母獲得了美國國防部和國會的授權和資金支持。這本手冊至少重印了一次，流傳了十餘年。凱爾總統否決了1979財年的美國國防部預算，因為其中包含了一艘「尼米茲」級航母，這艘航母本來要編號為CVN-71。這本手冊被拿了出來，和我寫的另一份名為《核動力航母案例》的海軍作戰部部長文件一起在國會流傳。次年，美國國會再次將CVN-71納入1980財年的預算，但凱爾總統再次否決了國防授權法案。這一次，國會推翻了凱爾的否決權，提案中的CVN-71後來成為「西奧多‧羅斯福」號航母。

CV概念

國防部部長控制著所有軍種的重要力量水平：陸軍師和海軍陸戰隊師的數量、海軍航母的數量、空軍戰術戰鬥機聯隊的數量。雖然自朝鮮戰爭後美國國防部部長辦公室就將攻擊型航母（CVA）的數量定為15艘，但一九六七年美國海軍還是裝備了9艘反潛型航母（CVS）。這些CVS是「埃塞克斯」級航母，作為攻擊型航母服役了20多年，但由於艦齡和材質條件（磨損）而被派去擔任反潛戰（ASW）職責，被重新任命為CVS。由於新的帶有大型甲板的「福雷斯特爾」級航母加入艦隊，幾艘「埃塞克斯」級攻擊型航母被銷去CVA的頭銜，以免超過15艘CVA的限制。被替換下來的「埃塞克斯」級攻擊型航母接受了一次短時間的翻修和維護，搭載了性能較差的螺旋槳式反潛飛機——格魯曼

公司的S-2「跟蹤者」。然而，像多公尺諾骨牌一樣，反潛部隊的CVS也有9艘的數量限制，一艘CVS的加入意味著另一艘CVS的離去。那些被除名的CVS加入了兩棲部隊，大多成爲了直升機登陸攻擊艦。如果退役的CVS材質條件實在太差，就會被送往拆船廠。關於航母的長壽和最大化利用有一個有趣的例子。到一九六八年，二戰期間建造的「埃塞克斯」級航母艦齡大多到了二五年或以上。本來「埃塞克斯」級航母的使用壽命是二十年，但冷戰形成的迫切需要使這一數字將延長至二五年——通過各種服役壽命延長計畫（SLEP）的實施以及船廠卓越技能的施展。最大的問題是工程機械，它們已運行多年，甚至在某些情況下是不可靠的。此外，一些CVS的船體電鍍層因爲在海上航行多年而變得非常薄。先是用作CV/CVA，再被用作CVS，這些航母在惡劣海況下的適航性很成問題。

一九六七年，在我已經成爲航空母艦計畫管理者之後，美國海軍在財政上似乎無法保持15艘CVA和9艘CVS的力量水平。航母部隊的力量輸入水平是每兩年一艘新航母。這就是美國海軍五年防衛計畫中的航母建造計畫。到了一九六八年底，航母力量水平情況（特別是ASW航母）變得非常危急，而且不得不面對。

隨著航母艦齡的增加，現役航母數量越來越成問題，進而導致海軍航空兵的飛機庫存也出現了問題。越南戰爭開始時，F-8是標準戰鬥機，但一年之內F-8就被F-4「鬼怪」II替代了。一九六七年，A-6開始大規模裝備美軍艦隊，成爲艦載機聯隊的全天候攻擊機。無論是F-4還是A-6，都無法在「埃塞克斯」級航空母艦上起降。它們都需要「福雷斯特爾」號及後續大甲板航母提供的較大彈射器和額外的甲板空間。因此，美國第七艦隊部署在越南作戰的「埃塞克斯」級航空母艦配備F-8作爲戰鬥機、A-4作爲攻擊機。這兩種飛機當時都還是性能很好的飛機。錢斯‧沃特公司的F-8「十字軍戰士」與米格戰鬥機的空戰紀錄好於自由世界的其他任何飛機——無論是海軍或是空軍的飛機。實戰證明A-4是美國航母艦隊的主力，它能夠攜帶核武器或6噸常規彈藥。然而，只有F-4是

具備全天候作戰能力的戰鬥機，這是在任何戰場上、任何情況下艦隊防空所必需的。

當時這已成為所有航母的一貫做法——無論是部署在大西洋艦隊、地中海的第六艦隊，還是在東京灣戰鬥的太平洋艦隊，航母都要根據其級別配備標準的艦載機聯隊。一九六八年，大甲板航母的標準艦載機聯隊包括2個F-4「鬼怪」II中隊、2個A-4中隊（A-4開始逐步被A-7「海盜」II替代），1個A-6全天候中型轟炸機中隊、5架RA-5C「民團團員」超聲速偵察機、4架E-2C「鷹眼」雷達監視飛機、用於空中加油的A-3「天空勇士」轟炸機小隊和用於空海救援的幾架通用直升機。「埃塞克斯」級CVA的艦載機聯隊擁有2個中隊的F-8戰鬥機、2個中隊的A-4輕型攻擊機、用作照相偵察飛機的F-8、用於空中加油的A-3，以及負責搜索和救援的通用直升機。

CVS的艦載機聯隊擁有2個中隊的格魯曼公司S-2「跟蹤者」反潛飛機。這種反潛飛機是一種雙發驅動的螺旋槳飛機，機組成員4人：駕駛員、副駕駛員、2個雷達和武器操作員。此外，還有一個小隊或中隊的反潛直升機。每當實戰部署時，它還將配備由4架A-4組成的小隊，使用「響尾蛇」導彈進行防空。只有當作戰區域超出了正常部署的CVA戰鬥機掩護範圍時，這些A-4才會加入CVS的艦載機聯隊，如CVS在北大西洋單獨進行作戰行動時。

一九六八年，CVS的形勢變得嚴峻。雖然CVS的力量水平仍然保持在9艘，但一部分CVS存在因為艦齡過老而退役，卻沒有替代艦補充的問題。為了解決這個問題，航空反潛戰部門提出了新的反潛型航母的建造方案，這將比用作攻擊型航母的大甲板「福雷斯特爾」級航母的設計要簡單得多。此時，洛克希德公司的S-3雙發反潛飛機（4名機組人員）開始裝備美國海軍艦隊，以取代老舊的S-2。S-3的重量、著艦速度和彈射要求均大大低於攻擊型航母艦載機聯隊的F-4和A-5。這意味著新建造的CVS可以採用較小的彈射器，對阻攔索性能的要求也較低。

不幸的是，此時大甲板航母的建造方案受到了嚴重質疑。反對者是一些

自由派的國會議員，其目的是削減國防開支，骨幹是國防部部長辦公室的一些系統分析師，他們更熱衷於通過提高空軍戰術戰鬥機聯隊的遠征能力和機動性來取代航母。此外，核動力攻擊型航母成本的增加在一定程度上使得大甲板航母建造計畫更加複雜化。這些潛在的問題對預算產生了負面影響，使得新建造CVS航母的計畫變得完全不切實際。

空中反潛部隊提出的一項解決方案獲得了美國國防部部長辦公室和海軍作戰部的參謀人員的支持——將美軍艦隊15艘攻擊型航母中的4或5艘改用於擔任CVS職能。採取這種措施也是迫於壓力——不斷壯大的蘇聯潛艇艦隊形成了潛在威脅。但更重要的現實情況是越南戰爭仍在繼續，戰區中的海軍飛機仍需要飛到越南民主共和國上空執行作戰任務。這些對越南民主共和國的戰術空襲是當時美軍唯一的進攻行動。當時美軍地面部隊（包括陸軍和海軍陸戰隊）正在撤出戰區，美軍進行作戰行動主要依靠的是飛機——戰區中陸上基地的空軍和海軍陸戰隊的戰術飛機，以及東京灣美軍航母上起飛的海軍飛機。美國對越南民主共和國進行的「滾雷」行動和「後衛」戰役等空中進攻非常需要海軍艦載機的支援，而且美國海軍要在全球承擔義務，例如美國駐歐洲海軍司令（CinCUSNavEur）要求任何時候都要在地中海部署兩艘航母。因此，將大甲板的CVA改用於執行CVS任務的任何想法都不現實。與此相反，美國海軍還要求國防部部長辦公室授權將一艘CVS改用作CVA，將其部署在東京灣，並用F-8和A-4替換其搭載的S-2和直升機等反潛機，而且F-8和A-4的庫存數量足以裝備一個CVA艦載機聯隊。

美國海軍的CVA水平被國防部部長牢牢控制著，而且被視作美國海軍力量的中堅，因此一九六七年國防部部長辦公室和海軍作戰部就這個問題反反覆覆討論了很多次。主要討論的問題是將哪一艘CVS轉換為CVA。最終國防部部長辦公室在一九六七年授權將一艘CVS（「無畏」號，後來被「香格里拉」號替代）當作CVA進行部署，但是這並不意味著授權的CVA力量水平從15艘增加到16艘。

正是在這個時候，我提出了一項被稱爲「CV概念」的長期解決方案，可以解決所有有關航母的問題。我起草了意見書和實施方案，並向海軍作戰部部長進行了彙報。穆勒上將一如既往地當場下令實施這項建議。CV概念要素如下：

（1）美國海軍所有能夠搭載固定翼飛機並安裝了彈射器和阻攔索的航空母艦都將以「CV」命名。

（2）CV沒有標準的艦載機配置。

（3）艦載機聯隊的飛機配置根據部署需要而定。例如，被部署在越南作戰的CV，其艦載機聯隊將根據任務需要，主要配備戰鬥機和攻擊機。

（4）如果一艘CV被部署在第六艦隊，那裡暫時還不會出現戰鬥，但是經常會在大西洋和地中海碰到蘇聯潛艇，因此CV艦載機聯隊將主要由反潛機組成，如S-3「北歐海盜」和反潛直升機。一艘「福里斯特爾」級CVA搭載以反潛戰爲主的艦載機聯隊所需添置的支持設備只需花費92.5萬美元，而新建造一艘CVS則需花費5億美元。

（5）一般情況下，更換航母的艦載機聯隊是在航母部署前進行的，但是在緊急情況下，更換工作也可以在航母已經部署在海上之後進行。

在此後三年的時間中，艦載機聯隊在海上改變部隊構成的情況出現過兩次，我都經歷過。第一次是在一九七〇年，當時我是第六艦隊航母特混編隊（CTF60）的指揮官；第二次是在一九七二年，美國海軍「薩拉托加」號航母的艦載機聯隊從攻擊型變爲反潛型，飛機的輪換是通過百慕達海軍航空站進行的。

CV的概念採用「基地加載」安排，結合海軍飛行訓練與作業程序標準化（NATOPS）制度，即艦載機中隊在兩次部署之間並不在航母上，而是在海軍航空站，並根據各中隊的類型加以劃分。輕型攻擊機（A-4和A-7）固定分配在

傑克遜維爾和勒莫爾海軍航空站，戰鬥機（F-4和以後的F-14）分配在奧西納和勒莫爾海軍航空站，全天候攻擊機（A-6）分配在惠德貝島和奧西納海軍航空站。艦載機聯隊的更換工作通常是在需要更換的艦載機中隊所在的基地進行，因為原來的和更換的飛機的作戰訓練是一致的。

此前，同一艦載機聯隊不同類型的中隊分配在同一個海軍航空站，並由上艦時的聯隊指揮官率領。現在，每種飛機都按照其所屬類型來指定聯隊指揮官——通常是飛過該類型飛機的海軍將官，這一類型飛機的艦載航空兵訓練和後勤都由他負責。有了專門的補給支持、訓練設施和目標區域（集中在單獨的地理區域內，機場上全是同一任務類型的飛機），艦載機中隊兩次巡航之間的岸上休整也更為有效。

這種安排也極大地改善了航空維修情況，海軍航空兵站的補給和檢修設施可以為相應種類的飛機提供保障。這些CV概念功能在一九六八年到一九七○年逐步形成，在二○○七年（四分之一個世紀之後）仍然影響著海軍航空兵。

穆勒上將任命的海軍作戰部部長——巴德‧朱姆沃爾特上將也對CV概念留下了深刻的印象。在《守望》一書中，他指出，「這種想法（CV概念）是吉姆‧霍洛韋少將提出的，他將習慣上被分為攻擊型和反潛型的航母統一定義為雙重用途艦艇⋯⋯這涉及到對航母甲板上搭載的飛機種類進行修改，使每艘航母既搭載攻擊機又搭載反潛機，而不是只搭載其中一種。航母上還增加了一些輔助性的指揮和控制儀器。當然，針對甲板上搭載飛機變化的需要，還安裝了一些備件和維修設備。一艘航母的改裝成本是97.5萬美元，與目前美國國防部其他計畫的成本相比，這實在是微不足道。」

為大甲板核動力航母辯護

一九七○年參議員蒙戴爾在聽證會上的證詞最能代表反對航母計畫集團的主要觀點，或者說至少他們認為這些問題是反對航母計畫最有力的理由。在

這次聽證會的辯論中，對航母的基本辯護和抗辯來自一份名爲《核動力航母案例》的觀點文件。這份觀點文件是海軍部發給海軍軍官和高級文官的，意在指導他們爲國會證詞、與國防部部長辦公室官員會談、宣讀預先準備好的發言、爲雜誌撰寫文章和接受記者採訪做好準備——實際上，是爲任何可能討論航空母艦問題的場合做準備。這是那種可以向公衆發放的立場文件。這份文件試圖涵蓋能夠表明航母是美國海軍中堅力量的方面。因此，這份文件非常冗長，失去了作爲一份方便的參考資料的實用性。

航空母艦的某一方面似乎被大部分批評視爲弱點，我則試圖將其重塑爲航母的「生存力」。由於公衆已經形成了航母弱點的思維定勢，我們必須用盡全力才能把這種誤解扭轉過來。我們的闡述是按照如下思路展開的：

（1）自一九四五年以來，美國每一次參戰都將航母派到前線，但沒有一艘美國海軍航空母艦毀於敵軍作戰行動。批評家試圖淡化航母的生存能力，理由是這些是有限的局部戰爭——但幾乎可以肯定的是，這些戰爭是我們將會遇到的。

（2）航母已經在最激烈的傳統海戰中證明：它們可以在集中和反覆的攻擊中生存下來，並保留足夠的作戰能力完成自己的使命。在第二次世界大戰中，日本神風敢死隊用2314架飛機對美國艦隊發起攻擊，把航母作爲主要目標。實際上，神風敢死隊的攻擊相當於安裝了最先進的制導系統（一個活人）的制導導彈，然而美國艦隊中沒有一艘航母被這種自殺式攻擊擊沉。事實上，沒有任何一艘現代化航母（第二次世界大戰中設計的「埃塞克斯」級和以後的航母）在海戰中被擊沉。有些航母在第二次世界大戰中被擊中和擊傷，但最終都存活下來了。

（3）現代化航母是非常耐用的艦艇，其建造理念包括承受和處理相當嚴重的攻擊。如果航母被常規炸彈、魚雷或導彈命中，當然會對航母造成損傷，但是，這並不意味著航母將被摧毀或被迫退出戰鬥。現代化攻擊型航母的設計

中融入了堅固耐用的要求，以下事例可以說明。一九六九年「企業」號核動力航母甲板上發生意外火災，9枚大口徑炸彈（750～1000磅）在火災中爆炸。然而，航母在短短的4小時內恢復了空中行動，升降平臺後的殘骸也很快被清理乾淨。多個阻攔索裝置中的三個和兩部彈射器仍然可以工作，損害管制部門迅速將飛行甲板上炸出的洞用鋼板覆蓋住。

（4）相比之下，在朝鮮戰爭期間，所有盟軍的戰術機場都至少被敵方地面部隊奪取和占領過一次。在越南，300多架美國陸軍和空軍的直升機和固定翼飛機毀於敵人對美軍機場的攻擊行動，另有約3000架飛機受損。另一方面，自第二次世界大戰以來，沒有一架海軍飛機是停在我們的航空母艦上時被敵方擊中的。美國在國際水域部署軍隊和開展後勤具有獨特的優勢。在國際水域，美軍可以對世界上任何出現突發情況的地點進行干預，這已經成爲美國未來軍事戰略考慮的重點。

（5）無論在軍事上還是在政治上，在外國領土上建立的基地是極其脆弱的。我們曾在東南亞擁有廣泛的航空基地——金蘭灣、東索、峴港，現在它們正由越南人使用著，連俄羅斯太平洋艦隊也可以使用。惠勒斯空軍基地在二十世紀五〇年代和六〇年代曾是美國戰略空軍司令部在北非的主要基地，而現在是利比亞的空軍基地。即便這些設施不被東道主國單方面徹底收回，也可能因爲政治原因而暫時剝奪美國的使用權。

（6）艦艇在核戰爭中很容易被摧毀，這是一種正常的假設，也的確如此。沒有任何艦艇能在被核彈頭直接命中的情況下存活。然而，在海上航行的艦艇可能是最不容易被摧毀的軍事和經濟目標，因爲它們是可以移動的。最脆弱的目標是我們的固定指揮設施，例如五角大樓、奧弗特空軍基地、諾福克海軍站、戰略空軍司令部的航空基地，以及整個美國主要城市的工業潛力。所有這些目標都會被彈道導彈瞄準，一旦導彈離開發射井，目前還沒有能夠保護固定目標免受彈道導彈襲擊的防禦措施。另一方面，目前還不存在任何能夠爲洲際彈道導彈提供末端制導的手段，使其可以攻擊移動目標。在洲際彈道導彈飛行

的這段時間，航母可以移動12英里，足以讓航母逃離滅頂之災。

（7）今天主要關注的航母弱點是相對反艦導彈而言的，而非彈道導彈。與所有的水面艦艇一樣，航母在反艦導彈面前也是脆弱的。美國海軍認為，在可預見的未來，反艦導彈（無論是潛射、艦射或是空射）將構成航母的主要威脅。所以目前的艦隊準則認為，航空母艦擊敗巡航導彈威脅主要取決於艦載機的能力，航母利用艦載機在敵方發射平臺進入發射點之前對其進行攔截。這些發射平臺將是敵機或敵人的水面艦艇。在這兩種情況下，F/A-18將使用高效的制導武器來摧毀空中飛機和水面艦艇的導彈發射器。

反對航母的偏見

從一開始，航空母艦就招來了反對者和支持者，它的反對者團體是些形形色色的活動家。

《一九四六年重組法案》頒布後，美國空軍成為獨立軍種，主要負責軍事航空力量。從那時起美國空軍就對海軍航空兵的存在表示不滿。航母不只是一個標誌，也是海軍航空兵存在的必要條件。海軍航空兵成為空軍戰術戰鬥機聯隊主要的資源競爭者，而這也反映在國防部部長辦公室的國防辯論中。

那時有很多反戰的活動家，他們要求削減國防開支和美國向外施加軍事影響的能力，實際上，這種立場只會增加美國捲入戰爭的可能。這個團體在國會、白宮、媒體和公共組織中都有代表人物。

航母成為最惹眼的目標。它很昂貴，而且它的費用在預算中單獨列出。如果對航母計畫下手的話，一次預算削減行動就可以省下幾十億美元的國防開支。反戰活動家指出，每艘航母還需要水面艦艇來護航。最初它只需要4艘驅逐艦護航，而現在需要4艘驅逐艦、1艘「宙斯盾」巡洋艦、1艘核潛艇和1艘快速戰鬥補給艦護艦。航母計畫反對者的邏輯是，如果將航母計畫砍掉，也就不需要其他護航艦艇，這些艦艇同樣應該砍掉。

　　然而，最難對付的反航母分子是我們自己陣營中的「叛亂分子」。他們是海軍各領域的軍官，因各種令人費解的原因而心懷不滿。

　　在二十世紀六〇年代，第二次世界大戰時代的艦載機飛行員們紛紛接近自己飛行生涯的終點，因其資質和經驗而成為航母指揮官。跟著裡科弗學習一年的核物理和船舶推進工程的想法對他們來說簡直就是詛咒。一位二戰王牌飛行員告訴皮爾瑞中將——當時負責海軍航空兵的海軍作戰部副部長（DCNO），「作為航母艦長，我管不著航母使用什麼動力推進系統。只要我要求全速推進時，它能夠做到，哪怕用橡皮筋推進都沒關係。這是總工程師的職責。」越來越多的受訓者沮喪地承認：「我被裡科弗海軍上將俱樂部開除了。」其中不乏有威望的且能力很強的飛行隊長。當時這並不算什麼嚴重的事情，因為美國還有大量的非核動力航母交給他們指揮，但這些二戰英雄的態度已經傳染了仰慕他們的年輕一代飛行員，年輕飛行員也不願意去做這項不注重飛行而需要讀書的苦差事。裡科弗暴躁的脾氣是眾所周知的，許多海軍軍官以這種或那種方式領教過他的厲害。消息傳開了，裡科弗甚至到了不得人心的地步，特別不受60多歲的守舊派海軍將官的歡迎。對裡科弗的厭惡逐漸蔓延到了水面艦艇軍官、潛艇水手和艦載機飛行員，他們轉而把這種敵意轉嫁到核計畫本身。當然，美國海軍內部一直在內鬥，大都是因為爭搶海軍預算引起的。

　　另一些人不喜歡的原因是海軍中這麼多職位被「飛行男孩」占去，而且這些「飛行男孩」並不代表舊式海軍的利益。最後，還有一些人根本不明白為什麼海軍航母要造這麼大、艦載機要這麼貴。他們推崇的是便宜、輕型、簡單的航母。他們認為，通過走垂直/短距起降飛機（V/STOL）的路線，取消彈射器和阻攔索裝置，這樣可以節省經費。但他們沒有想到的是，如果航母沒有一艘軍艦所必需的速度、裝甲、防護、隔艙和冗余度，那它也就沒有多少戰鬥價值了。這些因素才使得航母如此昂貴。

　　實際上，與常規飛機相比，V/STOL戰術飛機因其設計獨特而損失了很多作戰性能——速度、航程、載彈量和安全性，這些因素要麼未能實現，要麼沒有

考慮到。經費、重量和複雜性都消耗在短距起飛性能上了。以現在為例，F-35 聯合攻擊戰鬥機（JSF）V/STOL型的性能要比常規型的性能低10%～15%，儘管除了V/STOL專用設備之外，零件和系統大都是通用的。這15%的性能差異可能會決定制空權的歸屬。

有一次，我正在向海軍部部長演示在「尼米茲」號航母上安裝空中管制雷達系統的意義——對於全天候和夜間空中作戰來說，這種裝備絕對是必要的，當然這會造成航母總成本的增加。海軍部部長基本上同意了，並問他的參謀人員有什麼意見。格雷姆‧班納曼，負責設備和後勤的海軍部部長助理發話了。他說，實際上，「尼米茲」號從鋪設龍骨之時就註定是錯誤的設計。他認為，我們的錯誤在於讓穿制服的海軍飛行員左右了設計，這艘航母不過是以前航母的翻版。他認為，美國海軍最近應該招募十幾名哈佛商學院的畢業生，讓他們從一張白紙開始重新設計航母，不要受飛行員的干擾。

我覺得我應該給予回應。我說，前面沒有起飛點、後面沒有推進設備、上面沒有平坦甲板的航母是無法想像的。「尼米茲」號上的所有設備（彈射器、阻攔索裝置、升降機、雷達和飛機機庫甲板）的存在有兩個原因：它們是從多種候選設備中篩選出的最佳設備的改進型；它們經歷了戰鬥洗禮或有一定的作戰經驗，能夠使航母成為更好的作戰機器。自珍珠港事件以來，航母參與了所有的戰鬥。我還在繼續講，但班納曼已經走了出去。

航母兵棋推演

作為航母計畫協調員，在海軍作戰部部長辦公室主管攻擊作戰，我有一項任務是為羅德島紐波特的海軍戰爭學院（NWC）的學員們作一篇有關航母航空作戰的演講。通常情況下，我從華盛頓的阿納卡斯蒂亞海軍航空兵站飛到羅德島的羅維登斯機場，再搭乘海軍直升機飛到海軍戰爭學院的直升機停機坪。然後，一輛轎車快速載我前往主建築莊嚴的柱門前。禮堂就在裡面。

當時海軍戰爭學院的校長是一位公認有才華的海軍將官，而且是海軍部部長任命的。我轎車的門一打開，校長欣然上前迎接我。我們親切地握手，而他（他不是海軍飛行員）的第一句話卻是：「上周，在我們的兵棋推演中，你的所有航母都被擊沉了。」你的所有航母！不是「海軍的航母」，不是「我們的航母」，甚至不是「航母」，而是「你的航母」。我認為他沒有意識到自己有這樣強烈反對航母的偏見，但事實卻如此明顯而清晰。當然，兵棋推演的最終結果主要取決於設定假想的情況。作為海軍戰爭學院的校長，他對航母的這種偏見有害無益。畢竟，從二十世紀三〇年代以來，在美國海軍內部，航母的作用毋庸置疑。一九七一年，航母被公認為美國海軍的主力艦。無論在經費還是在人數上，海軍航空兵幾乎占據了美國海軍的半壁江山。在海軍戰爭學院爭論航母在美國海軍艦隊中的地位，似乎相當古怪。在那些日子裡，像今天一樣，航空母艦是美國海軍中唯一能夠進入國防部起草的總統備忘錄的現役海軍部隊，其地位與陸軍、海軍陸戰隊師和美國空軍戰術戰鬥機聯隊相當。顯然，國家指揮當局認為航母是衡量美國海上力量的主要指標。

第3章

敘利亞入侵約旦

一九七〇年七月十七日晚上，美國海軍「薩拉托加」號航空母艦開始進行空中作戰，我一直在艦橋上觀察夜間飛行，直到凌晨兩點的最後一次出擊。直到第二天早晨七點我還在睡覺，門口響起了刺耳的說話聲。我還沒來得及反應，甚至沒說一句「什麼事」，門就一下子被美國海軍第六艦隊司令艾薩克・坎貝爾・基德（艾克）中將推開了。艾克手臂上搭著一條餐巾，手中拿著一杯熱氣騰騰地黑咖啡，當我從床上坐起來時，他禮貌地把咖啡和餐巾遞給我。

這太不尋常了。我當時只是一個少將，而基德中將是我的直接上司。這不合乎海軍將官的禮儀。但基德被海軍同僚們認為是一個性格有點問題的人。他的做事方式像一個粗魯的老水手。他有著樸素的智慧，邁著真正的硬漢的步伐。他的粗俗外表一定程度上掩蓋了他被美國最傳統的大學預備學校（聖喬治學校，在羅德島紐波特）錄取的情況。但他也是一個遠洋經驗豐富的海軍軍官，作為一名有能力的海軍領導人，足以躋身三星上將之列。作為一名海軍將領，他又有點像一名演員——在一次演講中他穿上了借來的蘇聯海軍上校制服。因此，他也會抓住機會與他的朋友和主要下屬——吉姆・霍洛韋開一些玩笑。

第六航母分隊

一九七〇年六月，我在美國海軍「薩拉托加」號航母上被被任命為第60特混編隊指揮官。「薩拉托加」號航母隸屬於第六艦隊，當時位於義大利那不勒斯的

港口。作爲第六艦隊的航母編隊高級指揮官，我同時被任命爲第60特混編隊指揮官，負責第六艦隊航母攻擊編隊的作戰指揮。作爲一名作戰指揮官，航母分隊指揮官由15名軍官和55名士兵參謀和輔佐。第六艦隊的航母編隊參謀機構專爲指揮兩艘或兩艘以上的航母（及其艦載機聯隊、護航的巡洋艦和驅逐艦）作戰服務，或爲其提供支援。最終，第六艦隊的航母編隊的參謀人員包括幾位負責飛行作戰和制訂計畫的資深艦載機飛行員、一位負責水面作戰的經驗豐富的前驅逐艦艦長，以及情報部門的多位經過精挑細選的空中情報專家。這些參謀人員還要與被選定爲旗艦的航母上的作戰和情報部門合作。

艾克・基德中將是一位水面戰軍官，在我被任命爲第60特混編隊指揮官的前兩天，他才接任第六艦隊司令。艾克的資歷比我早一年，我們在海軍學院上學時就認識了。在水面戰領域，他是一位知識淵博的前輩。他的父親是一位海軍少將，負責指揮第一戰列艦分隊，服役於「亞利桑那」號戰列艦，犧牲於珍珠港偷襲，被追授了一枚榮譽勳章。

儘管艾克將他的參謀人員安排在第六艦隊的旗艦——「斯普林菲爾德」號導彈巡洋艦上，但出海時他每天大部分時間卻在第六航母分隊的旗艦——「薩拉托加」號航母上度過。與他自己的旗艦相比，他在「薩拉托加」號上的工作更爲繁忙。他觀察空中作戰，參觀飛行員的待命室，熟悉作戰飛機，以及長篇闊論航母特混編隊作戰。他通常會在早上八點過後搭乘直升機登上「薩拉托加」號，當他乘坐的直升機請求降落指示時，他的到來也會通過全船廣播（揚聲器）系統加以宣布。通常我都會到甲板上去迎接他，然後把他交給傑克・麥克維爾上校（第六艦隊的航母編隊的參謀長）接待。

艾克・基德在航母上的大部分時間都是由麥克維爾上校陪伴度過的，一杯接一杯地喝著隨意兌有康乃馨濃縮奶的海軍咖啡，這幾乎成了艾克的標籤。傑克是加里福尼亞大學洛杉磯分校的畢業生，有一段時間曾是美國職業橄欖球隊洛杉磯公羊隊的進攻前鋒。他是一個狂熱的體育愛好者。他們可以花上幾小時談論足球。作爲第60特混編隊的指揮官，我負責第六艦隊空中作戰的戰術指揮。除了眼

下的作戰行動，我還要規畫隨後的訓練和應急行動，應急行動規畫包括危機管理和一般戰爭計畫。所以總有很多事情要做，而這一切都需要第六艦隊的航母編隊指揮官的持續關注。

　　一九七〇年九月發生的兩起重要事件深刻地影響了部署在地中海的第六艦隊：美國總統理查德‧尼克松決定要對義大利進行正式國事訪問，將順道參觀第六艦隊的一艘航母；約旦遭到敘利亞裝甲部隊的入侵，這種情況勢必破壞中東地區一直保持的微妙的平衡。

中東危機

　　一九七〇年九月六日，阿拉伯敢死隊（巴勒斯坦解放運動的一個組織）劫持了一架美國、一架英國和一架瑞士的商業客機，他們將乘客趕下飛機後將飛機炸毀，並用另一架飛機將人質劫持至約旦首都安曼附近的道森機場。這幾百名乘客中大多數是歐洲人，也有一些美國人和以色列人。劫機者釋放人質的條件是釋放瑞士、德國、英國和以色列監獄中所有的阿拉伯敢死隊隊員和巴勒斯坦游擊隊員。與恐怖分子進行談判將是非常困難的，因為被劫持的人質來自多個國家，而以色列的政策是不回應威脅恐嚇。九月七日，約旦國王侯賽因認為自己和自己的國家是美國的朋友，強烈譴責這些劫機的敢死隊。他為約旦邊界公開存在巴勒斯坦叛亂分子而感到慚愧。他的譴責得到了忠於他的軍隊的回應。軍隊認為阿拉伯敢死隊無視約旦的主權，這種侮辱使得軍隊幾近兵變。侯賽因向美國尋求援助。在華盛頓，尼克松總統通過他的國家安全顧問亨利‧季辛吉重新運作了國家安全委員會（NSC）。以季辛吉為首的華盛頓特別行動小組（WSAG）在事態尚未擴大的時候就頻繁開會商討。這是一起嚴重的事件，它最終可能把美國捲入中東地區的軍事行動——鑑於蘇聯在阿拉伯世界的政治糾葛和幾十萬美國人已經在東南亞陷入連綿不絕的苦戰，採取軍事行動就更為危險。

　　九月八日，尼克松總統命令「獨立」號航母及其攻擊群趕到地中海東部黎巴

嫩海岸外。作爲預防措施，艾克·基德和我認爲，把第60特混編隊的所有作戰單位部署到海上，可以爲緊急情況提供有益的和及時的支援。華盛頓批准了這一決定，並強調說，突然但秩序井然的艦隊行動將給中東地區所有的國家發出了適當的信號。因此，不需要試圖掩蓋我們的意圖。九日，在華盛頓的蘇聯使館做出反應——向美國國務院提交了一份措辭強烈的抗議書，質疑第六艦隊兵力調動背後的意圖。

當第六艦隊司令命令航母攻擊部隊（第60特混編隊）毫不拖延地趕到塞浦路斯附近海域並提升戰備時，第60特混編隊的許多艦艇已經在西班牙港口停泊待命了，其中包括第60特混編隊的旗艦「薩拉托加」號。「獨立」號航母及其攻擊群正在愛琴海的港口訪問。一切進展迅速，在向東會合的途中它們就已經擺出戰術陣型了。

「獨立」號航母的艦載機聯隊包括一支經過補充加強的海軍陸戰隊A-4「天鷹」中隊——裝備20架飛機，這比一般航母艦載機中隊的14架飛機多出6架。我命令6架A-4暫時飛到在克里特島蘇達灣的北約機場待命。從表面上看，這是爲了武器訓練和艦載機著陸的補充練習。但真正目的是爲額外的F-4戰鬥機騰出空間。很明顯，在中東地區應對任何突發事件，奪取制空權是第一要務。我想要在地中海東部擁有盡可能多的戰鬥機，而我們很快就將到達那裡。當第60特混編隊奉命出擊時，「薩拉托加」號及其特混大隊（第60.2特混大隊）的巡洋艦和驅逐艦在地中海西部，所以它們會比「獨立」號晚幾天到達指定位置。4架F-4「鬼怪」II從「薩拉托加」號航母上起飛並降落在「獨立」號航母上，以替代被派到蘇達灣的6架海軍陸戰隊的A-4。

當第60特混編隊抵達地中海東部時，其艦艇被分配在塞浦路斯附近，這樣可以利用黎凡特和周圍友方空軍基地的地理優勢。第60特混編隊的這種部署方式被稱爲分散輻射隊形，這種作戰概念是基於我在韓國「雙簧管」和越南「揚基」駐泊點的經驗而建立的。主要的參考點是「駱駝站」——位於克里特島和塞浦路斯之間的一個地理坐標點。艦艇的位置將參考「駱駝站」和具體的戰術

或戰略情況加以選擇。英國有機場，塞浦路斯有遠程對空搜索雷達，這將為第
六艦隊的作戰提供支援。各艦艇根據作戰計畫負責其所在位置特定半徑範圍內
的作戰。

由於採取了分散輻射隊形，各艦艇的位置經過精心選擇，能夠對從敘利亞到
埃及的整個地中海東部地區進行協調及完整的目視和雷達監視。巡洋艦和驅逐艦
之間的距離為10英里，警戒哨甚至延長到了塞浦路斯東部。為保證戰鬥機連續進
行戰鬥空中巡邏，所有非美國的空中和海上交通都被攔截了，如果可能的話，改
行其他路線。同時，航母用艦載反潛直升機對監視區域保持持續的反潛巡邏。實
際上，第60特混編隊在地中海東部建立了防空識別區（ADIZ）。這個概念是從
第77特混編隊在東京灣的作戰程序中提煉出來的。

同時，安曼的局勢正在惡化。阿拉伯敢死隊的活動家宣稱，美國軍艦明顯的
調動是美國對約旦的干預。受其挑唆，大量巴勒斯坦人聚集在約旦首都，安曼的
法律和秩序已經崩潰。這實際上是場內戰，約旦陷於瓦解。在此期間，克里姆林
宮的態度仍然難以揣摩——自九月九日就一直保持沉默。

九月十七日，被圍困的約旦國王侯賽因企圖扭轉乾坤，他果斷命令其皇家衛
隊進駐安曼重新恢復秩序。隨著接踵而至的大規模的戰爭，侯賽因只好再次請求
美國出兵支援，尤其是戰術空中攻擊支援。華盛頓對此作出了一系列的反應。華
盛頓特別行動小組不停地就此開會討論，國家安全委員會為美國如何支援約旦事
件才不至於引發俄羅斯介入大傷腦筋。此時，被派往第六艦隊的「約翰·F.肯尼
迪」號航母已預先部署於波多黎各的「羅斯福錨地」，但至少9天後才能到達地
中海。

到九月十七日，第60特混編隊已經會合了兩支航母特混大隊——第60.1特混
大隊（「薩拉托加」號）和第60.2特混大隊（「獨立」號），圍繞著「駱駝站」
展開，對這一區域的空中和海上交通進行空中和海上監視。這時，尼克松總統通
過保密語音通話設備呼叫第六艦隊的指揮官。由於保密工作做得非常好，我幾乎
忘記了這套系統就安裝在第六航母分隊的旗艦上。

艾克‧基德通過常規快電發出通報，他正乘坐直升機飛向「薩拉托加」號。他要我陪同，我們兩個人下到航母的底層。在那裡的一個小隔艙裡有一名電子技術員和一部電話機。技術員只說了一句「白宮在另一端」，把電話交給艾克就離開了，留下兩名海軍將領和「在另一端的白宮」。我也準備離開，但艾克示意我留下來。我只能聽到電話這一邊的談話。艾克說，「是，總統先生。」「不，總統先生，我不是一個人，有霍洛韋將軍陪著我。」「讓我再次重申這一點，總統先生。您打算公開宣布，美國與它的朋友──約旦同在。第六艦隊正在駛向地中海東部，以確保約旦國家的統一，保護該地區的美國公民和利益，並在軍事上打敗任何可能干擾這些目標的行爲。您想讓我保證，這一切都在第六艦隊現在的能力範圍之內。」

艾克用手捂住了話筒，轉身對我說：「吉姆，我可以向他保證第六艦隊能夠做到這一切嗎？」我回答說，這是一個很難回答的問題，沒有一定的限定條件，不能簡單地說能或不能。艾克向我俯過身，用他最威嚴的聲音說，「將軍，美國總統在我電話的另一端，等著一句『能』或『不能』。能還是不能？」我用一句肯定的「能」作答。

隨後，我們回到航母上層喝了杯咖啡，艾克說，「我希望你是對的。你是根據什麼對形勢進行估計的？」我告訴他，這是根據第二次世界大戰、朝鮮戰爭和越南戰爭的經驗而估計的，最近接到的簡報和與「獨立」號艦載機聯隊指揮官鮑勃‧唐恩中校的討論更增強了我的判斷。我曾問過唐恩與總統問的基本相同的問題。他提醒我說，他的飛行員中超過一半是越戰老兵，曾在東南亞面對過米格戰鬥機和地空導彈。目前的情報告訴我們，阿拉伯的戰術制空能力遠遠不如越南民主共和國。即使得到伊拉克和埃及的增援，目前敘利亞軍隊的防空能力也遠遠達不到河內和海防的高射砲與薩姆導彈防禦水平。

九月十八日，約旦傳來了好消息。經過艱苦的戰鬥，忠誠於侯賽因的陸軍將阿拉伯敢死隊從安曼驅逐出去了，正在恢復首都的秩序。

但我們還不能鬆懈。第二天，我們將情報彙報給國家安全委員會，敘利亞戰

車部隊已經占領了約旦邊界內大約250碼的陣地。之後在九月二十日，敘利亞戰車部隊繼續向約旦境內推進，他們在那裡遇到了約旦軍隊。在藍慕沙附近的兩次交戰中，30輛敘利亞戰車被擊毀，雙方暫時陷入僵局。侯賽因國王再次要求美國用空襲趕走敘利亞軍隊。

在華盛頓，日益緊張的危機正折磨著國家安全機構。拒絕侯賽因國王的美國武裝干涉的要求已經非常困難，但更深遠的焦慮是這可能使蘇聯和以色列軍隊捲入戰鬥。以色列人可以將他們的行動辯解為「求生」──以嚴重損害阿拉伯國家的軍事能力為附屬目標。俄羅斯人則可能使自己在阿拉伯世界的影響力顯著上升而受益。除了正在東南亞進行的戰爭，還要再開戰端，美國人將被推向崩潰的邊緣。約旦的局勢可能惡化為一場衝突，最可怕的可能性是升級為第三次世界大戰。

季辛吉領導的華盛頓特別行動小組與尼克松一起進行著馬拉松式的會談。以色列似乎要進行第一步地動員過程──這種48小時的行動幾乎一定是戰爭的前兆。

九月二十二日，第一條好消息傳來。在美軍的支援下，約旦軍隊對敘利亞軍隊發起了空襲。在伊爾比德，敘利亞損失了120輛戰車，大都毀於空襲，差不多到了兵力損失三分之一的崩潰點。敘利亞空軍將領哈菲茲‧阿薩德清醒地認識到，不能讓美國人和以色列人找到干涉阿拉伯事務的借口，所以在他的命令下，敘利亞空軍沒有參加戰鬥。

這是一個轉折點。阿拉伯敢死隊被壓制住了，敘利亞人也被逐出了約旦。事態很快平復如常。俄羅斯人在政治上依舊自相矛盾。以色列人取消了動員之後可能要採取的干涉行動。在華盛頓，華盛頓特別行動小組的工作也告一段落，尼克松總統決定訪問義大利，並將參觀第六艦隊。

第六艦隊司令收到明確的信息：在訪問義大利期間，尼克松總統將在九月二十八日參觀一艘航空母艦，看一下航空作業和實彈火力演示。基德中將一如既往地體貼入微──問我是否「介意」在「獨立」號上駐守「駱駝站」，而他乘

「薩拉托加」號去那不勒斯迎接總統訪問。艾克擔心我不願失去與總統見面和進行飛行表演的機會，但我不加思索地表示同意。實際上也別無選擇，我個人並不喜歡那些迎接總統訪問的繁文縟節。第二天，我把將旗移到了「獨立」號上，隨我同行的還有四五名重要的參謀，第六航母分隊的其他參謀還要在「薩拉托加」號上執行日常公務。

「駱駝站」

在「駱駝站」的行動照舊，但是節奏放慢了，因為蘇聯地中海分艦隊在附近監視。這是正常情況。俄羅斯人對美國航母的行動一直很感興趣，一路跟蹤，試圖瞭解我們的行動和部署。這只能說很正常。第六艦隊的動作異常，俄羅斯人想知道發生了什麼事和美國人為什麼這麼做。他們表現出的是專業的好奇心，第60特混編隊的指揮官及其情報人員一直都是這麼認為的。我一直堅信蘇聯海軍的行動並不像一些新聞記者和分析家所認為的那樣，是威脅或挑釁。或許俄羅斯人是敘利亞人的盟友，但是他們不可能通過對一支美軍艦隊發起一次突襲（常規的或核性質的）來引發核戰爭。如果是這樣的話，核戰爭早就爆發了。對一艘美軍現役航母發起攻擊只會招致戰爭。通過先發制人的攻擊可以獲得巨大優勢，美國政策對此是很敏感的。預計與俄羅斯人的常規衝突很快就會發展到核戰爭，美國的政策制定就是確保美軍遭受偷襲的可能性不大。俄羅斯人瞭解這一點，雙方都知道俄羅斯人即便是用常規武器攻擊第六艦隊，也可能會招致報復性的先發制人的核打擊。這對俄羅斯人來說是下下之策。

蘇聯分艦隊也在小心謹慎地避免衝突。最讓人記憶深刻的一件事是，敘利亞人宣布敘利亞海軍的一艘柴電動力潛艇正在前往地中海東部。第二天，蘇聯海軍的11艘潛艇在沒有任何徵兆的情況下全部浮出水面，以便我們能清楚地看到。很明顯，俄羅斯人用最積極的方式向第六艦隊表明，蘇聯潛艇部署在地中海，但是它們不會威脅到第六艦隊。俄羅斯人知道第六艦隊的交戰規則：對任

何接近美國軍艦的非美國潛艇率先發起攻擊。俄羅斯人想讓我們明白，那艘潛艇不是他們的。

隨著第六艦隊的攻擊力量進入地中海東部沿岸的攻擊或遏制位置，第六艦隊的其他力量也迅速進入支援位置。第六艦隊的海軍陸戰隊兩棲大隊向東移動，隨時可以應對突發情況，並得到直升機航母「關島」號和隨艦的大型運輸直升機CH-53「海上種馬」，以及增援部隊的補充。補給部隊不停地為「駱駝站」附近的軍艦提供燃料和補給。美國海軍的P-3巡邏機和潛艇對所有接近或經過監視區域的非美國船隻進行監視。

十月一日，蘇聯地中海分艦隊開始進入正常的部署模式，與黑海基地進行週期性的軍艦和潛艇輪換。

「平坦通道行動」

除了在約旦還有一所美國陸軍野戰醫院之外，地中海的局勢已經基本穩定。在敘利亞危機初期，美國把這所野戰醫院搬到了約旦首都安曼附近，以表示美國作為約旦盟友的人道主義姿態。但是隨著敘利亞軍隊的撤退和傷員的逐漸減少，美國政府決定從這座暴露的、不加防禦的醫院裡撤出非戰鬥人員，包括護士。

這所野戰醫院位於安曼附近，可以利用戰略空運部隊的C-5和C-141飛機從侯賽因國王機場撤離人員。參謀長聯席會議命令駐紮在德國的歐洲總部司令執行「平坦通道行動」來撤離人員，美國海軍航母提供空中掩護。飛機的預定路線是從德國基地起飛，飛到北海上空，沿著英吉利海峽，飛過比斯開灣，通過直布羅陀海峽，穿過地中海，然後準確地順著以色列—埃及邊境進入約旦。這意味著運輸機在返航前需要在侯賽因國王機場加油。機場只有一條9000英尺長的狹窄跑道。不幸的是，約旦的局勢仍未平定，機場得不到友方地面部隊的掩護。跑道可能會被占領，而且無法阻止周圍區域向機場發射火箭彈和迫擊砲。

歐洲總部司令的通過侯賽因國王機場利用大型運輸機撤離人員的計畫被阻

止了。跑道坑坑窪窪，用卡車封鎖跑道或者遭受迫擊砲或火砲的火力襲擊，都會造成飛機無法降落。一旦無法降落，此時的飛機將會因為缺乏燃料而不得不另外尋找機場降落，而這個機場的跑道需要足夠長、足夠堅固，而且有足夠的設備為C-5和C-141機群提供燃料，然而此時飛機剩餘的燃料將不足以尋找滿足這些條件的機場。歐洲總部司令最初的計畫是向約旦空運部隊，將侯賽因國王機場改進為空軍前進基地，安裝足夠的設備，並在周圍建立防禦陣地，防止機場受到迫擊砲和火箭彈的攻擊。當考慮到敵人可能會使用野戰榴彈砲時，防禦陣地的規模就會變得很大。最初估計從德國派遣一支空降旅，後來增加到需要幾個師的兵力，且安全依然無法完全保證。不能夠讓任何一架大型運輸機毀於敵軍火力，而且整個機群可能需要臨時降落在其他有危險的機場，由此帶來的風險是無法想像的。進退兩難的局面如此複雜，據說歐洲總部司令的電腦系統都崩潰了。幸運的是，在歐洲司令部在制訂計畫時，第60特混編隊的參謀人員也在制訂自己的野戰醫院撤離計畫，當歐洲總部司令的計畫越來越不確定時，參聯會取消了「平坦通道行動」，而命令第60特混編隊的指揮官執行我們自己的作戰概念，參聯會將這次行動稱為「無花果山（Fig Hill）」行動。

「無花果山行動」

第60特混編隊的參謀人員用了大約一個星期的時間制訂「無花果山」行動方案，之後就接到了執行命令。美國駐以色列大使館武官及第六艦隊航母特混編隊的一部分作戰參謀和情報軍官乘坐「獨立」號航母上的C-1艦載運輸機飛到了以色列台拉維夫。根據與以色列商定的條件，艦載運輸機上所有的美國國家標誌都用油漆蓋住，所有的機組成員和隨行人員都穿上便裝。美國海軍軍官與以色列國防軍代表會面，並進行了長達一天的會議，安排好了第六艦隊兩棲作戰部隊的直升機飛越以色列上空進入約旦的相關事宜。而此時第六艦隊兩棲作戰部隊已經在黎巴嫩海岸線以外的國際水域待命。會議達成的協議非常詳細，包括飛行路線、

通信頻率和處理最有可能發生的意外情況的程序。

真正的撤離行動是在九月二十四日和二十五日進行的——作戰計畫剛剛制訂和分發，而且要趕在以色列人、約旦人或歐洲總部司令改變主意之前進行。

美國海軍陸戰隊的直升機從以色列海岸線以外（海岸目視範圍之外）的海軍陸戰隊兩棲作戰部隊的「關島」號等艦艇上起飛。直升機按照預定路線飛行，以最緊密的編隊低空飛越以色列，然後直奔約旦河西岸的安曼。

在第一次飛赴安曼時，直升機搭載了攜帶重裝備的海軍陸戰隊分遣隊隊員，以便在降落區域周圍建立防禦陣地。降落區域在野戰醫院附近，但距離侯賽因國王機場較遠。而且降落區域在防禦陣地中央，海軍陸戰隊的直升機可以從容地把野戰醫院的大部分設備運走。另外一部分設備則留作給約旦人的禮物。海軍陸戰隊的步兵並沒有立即隨機返航，而是留下保衛降落區域。當直升機第二次飛到安曼時，海軍陸戰隊隊員們才放棄防禦陣地，乘直升機返回他們所在的兩棲作戰部隊。整個行動沒有人員傷亡。除一小部分留給約旦人的醫療保障設備，野戰醫院完整撤離。整個行動幾乎沒被外界注意或公開報道過。

那不勒斯

迎接完尼克松總統的訪問，「薩拉托加」號離開那不勒斯，返回地中海東部的第60特混編隊。我從「獨立」號上降下將旗，並與第六航母分隊的參謀人員在「薩拉托加」號上會合。十月初，第六艦隊司令根據近期中東地區的作戰情況制訂了一場「熱身」活動（算是批評），由地中海地區的艦隊航空兵司令和海軍航空兵的後勤司令官主持。「薩拉托加」號正在塞浦路斯附近，所以我要坐在一架A-6「入侵者」（隸屬於「薩拉托加」號艦載機聯隊）的右手坐位上飛往那不勒斯。這是投彈手/領航員的位置，當我們遇到惡劣天氣時，我就不得不盯著雷達。

對我來說，這次「熱身」是件強制性的苦差事，雖然只持續了半天。因此，在地中海東部的事情平息下來後，我計畫休假兩天，並在那不勒斯與我的妻子和

女兒見面。戴布尼和我們的大女兒露西已經到了歐洲。九月十日，她們搭上一架美軍順路飛機到了德國，並打算在巴塞隆那與我會合。但是當她來到西班牙時，我已經走了。之後她到了那不勒斯，當時「薩拉托加」號正好在港停泊一個星期，但我不在船上。所以這次短暫訪問那不勒斯將是我們唯一的相聚機會，因為露西要在十月中旬返回學校。

於是我將幾件便裝塞進雜物袋，穿戴好飛行服、安全帽和氧氣面罩，爬進了「入侵者」座艙，並用安全帶將自己固定在投彈手/領航員的坐位上。我乘坐的「入侵者」滑行到彈射器的位置後，由於右側發動機轉速很低，只得離開彈射器，另外一架「入侵者」被推出機庫，並進行起飛準備。

等待起飛整整用去了一個半小時。我的飛行員是一位中隊長。我們按照慣例起飛並爬升到30000英尺的高度。天氣晴朗，我能看到地中海南北兩側的海岸。當我們接近那不勒斯機場（位於維蘇威火山的斜坡上）時，天氣變壞了，雨點從多個雲層落下。當我們從30000英尺的高度下降進入大雨中時，我們由那不勒斯空中交通中心管控。按照國際空中交通管制規定，控制員應該講英語，但如果他是在說英語的話，那他的英語是無法令人理解的，而飛行員又不會講義大利語。於是，飛行員決定取消儀表飛行計畫，並嘗試在雲層下飛行著陸。我們重新飛到海上，並鑽到最低的雲層下方，我快速「複習」了如何在地面地形迴避模式下使用雷達。我們在雲層下再次飛往卡波提古諾機場，當我們靠近維蘇威火山時，能見度下降到零。更糟的是，雨點如此密集，我無法從雷達回波中看出我們是否在接近積雨雲或死火山。飛行員試圖依靠儀表飛行，教我使用雷達「聲波」按鈕，講解雷達顯示器上的畫面。但他的運氣並不比我好。突然在雲層的間隙，我清楚地看到（雖然只是部分）維蘇威火山的山坡，距離很近，而且在我們上方，而不是下方。我拍著飛行員的肩膀喊道，「拉起！」他猛一拉桿，把兩個發動機加到最大功率，並以最大爬升率使A-6左轉。這讓我們一身冷汗，我們差點把自己葬送在義大利的山嶺之上。

我們飛到雲層上方後，向南飛往義大利西西里島的西格奈拉北約機場，那

裡天氣晴朗。我們看到了埃特納火山，也看到了機場。在那一刻，駕駛艙儀表盤上的低油量燈閃起紅光。我本想告知控制塔情況緊急，需要直接著陸——我們要排隊等待著陸跑道，但我的飛行員在我們發出接近呼叫以後恢復了平靜，他選擇採用海軍的通常做法，在10000英尺的高度飛向控制塔左側，以賽道樣式著陸。

一小時內A-6就由美國海軍駐西格奈拉機場分遣隊重新加好了油，做好起飛準備，我們再次飛向那不勒斯。當我們飛了300英里之後，天氣開始轉好，我們的降落一切正常。海軍值班人員為我找了一輛轎車，司機沿著義大利公路帶我直奔伊科塞爾斯酒店——一個位於那不勒斯海濱的漂亮的老式五星級酒店，戴布尼已經定好了房間，等著我的到來。

兩天以後，我直奔「薩拉托加」號——距離地中海東部800英里，戴布尼則駕駛我們嶄新的大眾汽車去往德國法蘭克福，在那裡她將再次搭乘美軍順路飛機返回美國。大眾汽車公司則負責把我們的汽車送到美國的一個入境港口。戴布尼跟著艦隊跑了一個月，卻只能與我相聚兩天，這再次讓我們明白了隨軍家屬的不易，即便是一位將軍的妻子。

餘波

一九七〇年十一月二十二日，第六艦隊的第四航母分隊的指揮官輪換下了第六航母分隊的指揮官，我和我的參謀得以乘坐「薩拉托加」號返回佛羅里達州的母港梅波特。從任務執行情況看，這次巡航非常成功。艾克・基德帶領第60特混編隊成功地迎接了尼克松總統對第六艦隊的視察，我獲得了海軍傑出服役勳章。海軍作戰部部長朱姆沃爾特將軍因海軍在約旦危機和野戰醫院撤離行動中的出色表現而興奮不已——參謀長聯席會議和國防部部長辦公室認識到了美國海軍能夠完成其他軍種無法完成的任務。海軍部部長為整個第六艦隊頒發了海軍優秀單位嘉獎。

季辛吉在他的回憶錄《白宮歲月》中對一九七〇年約旦危機做出了如下總結：

「海上的艦隊有一些抽像和深奧——至少對外行來說。為了應對罕見的危險，它要遵循聞所未聞的命令。它影響到了那些幾乎不知道何時受保護或受威脅的人們。縱觀最近發生的危機，第六艦隊一直是我們在中東地區的主要軍事力量觸角。它在200英里以外就能夠幫助穩定態勢。第六艦隊極易受到蘇聯陸基飛機攻擊，但它具有決定性的影響——對它的攻擊會招致與美國全部武裝力量的對抗。海軍力量的大力增援向外界發出了我們決心防止約旦危機失控的重要信號。由於我們陸上基地的逐步喪失以及剩餘基地受到政治限制，海軍艦隊的重要性已經得到提升。」

第六航母分隊到達梅波特48小時之內，朱姆沃爾特將軍就派他的專機到傑克遜維爾把我接到華盛頓，向海軍作戰部部長辦公室和海軍部部長辦公室彙報美國海軍在「無花果山」行動中的詳細情況。很明顯，海軍作戰部部長認為這次行動是前置部署的海軍——海軍陸戰隊在部隊部署和能力上近乎完美的展現。儘管備受好評，尤其是受到海軍作戰部部長的讚揚，「無花果山」行動卻很少引起媒體的關注或載入史冊。

第4章
越南：第七艦隊司令

當旗艦前部6英寸火砲開始射擊的時候，我剛好把佩劍扣上。我的住艙在砲塔的正后面，因此感覺到了很明顯的震動。我感到很奇怪，不知到底發生了什麼。我們將在一個半小時後交接指揮權，但這也明顯不是在鳴放禮砲啊。這是一九七二年五月，我登上「奧克拉荷馬城」號剛兩天。自然，我需要慢慢適應在該艦上的生活。艙內的揚聲器響了，傳來參謀長的聲音：「大家不要過度緊張，越南民主共和國正在廣治附近猛攻越南共和國軍隊防線上的一個突出部，美軍陸戰隊的幾名顧問與越南共和國軍隊在一起，他們請求火力支援，他們需要我們的6英寸大砲。」我明白此舉的重要性，我們不能讓美軍顧問顏面掃地。在10分鐘的時間內，「奧克拉荷馬城」號發射了約30發砲彈，接著一切又恢復了平靜。「奧克拉荷馬城」號駛向下風位置，爲即將舉行的典禮作準備。

我走向艦艉，第七艦隊指揮權的交接將在那裡舉行，我馬上就要接替比爾‧馬克中將了。我希望舉行一個簡單的，但富有海軍傳統的指揮交接儀式。在這個儀式上，第七艦隊司令比爾‧馬克中將，太平洋艦隊司令切克‧克拉里上將和我會著全套禮服並佩戴佩劍，水兵們要穿白色的制服，陸戰隊員則穿藍褲子並帶上野戰圍巾。

之前，在一九六七年夏，我乘「企業」號離開了戰區。從那時起，越南的形勢開始發生變化。一九六八年一月三十一日，越南春節的第一天，越南民

主共和國在越南共和國全境範圍內發起了一場大規模襲擊，參戰的越南人民軍達12萬人，包括越南南方民族解放陣線游擊隊和滲入越南共和國的越南民主共和國正規軍。美國情報部門對此沒有任何預警，美軍和越南共和國軍隊也毫無戒備。剛開始，越南民主共和國的攻擊相當順利，甚至攻入了美國使館區，還差點摧毀了西貢附近的美國空軍邊和基地。儘管如此，越南共和國軍隊在美軍的指揮下很快重新集結，與美國陸軍和海軍陸戰隊一道，發起反擊並扭轉了局勢，越南民主共和國的攻勢被挫敗，越南人民軍遭到強有力的打擊。

可不幸的是，儘管此役對我方而言戰果輝煌，但在美國國內卻引發了一場政治災難。越南民主共和國春節攻勢的挫敗，對在越南的盟軍而言，絕對是一個軍事上的勝利；對越南民主共和國來說，其滲入越南共和國的部隊幾乎損失殆盡，在越南共和國的越南南方民族解放陣線政治機構事實上已完全被摧毀。春節攻勢之後，越南民主共和國若想入侵和征服南方，則只能依靠自己在北方的正規軍了。

可在美國國內，春節攻勢卻代表著敵人成功的奇襲和己方失敗的情報工作，並被錯誤地解讀為另一場珍珠港事件。在當時美國國內持續對越南戰爭進行檢討的氛圍之下，該事件具有毀滅性的心理效應和政治效果。就在此刻，林登・B.約翰遜總統因無法擺脫越南戰爭而極度沮喪，決定不參加來年的總統大選。一九六八年十一月，約翰遜總統為促使對手停止敵對活動，宣布完全停止對越南民主共和國的空襲。這個所謂的「轟炸暫停」是建立在與越南民主共和國談判代表脆弱的共識之上的，從來就沒有被嚴格執行，也不可能被雙方真正接受。

接下來，在尼克松總統的就職演說中，也絲毫感覺不到美國在打這樣一場戰爭的戰略上有任何轉變，這樣的戰略與我們的東南亞政策是脫節的。按照政府計畫，從一九六九年起，美國地面部隊將加速撤離越南；到一九七二年八月，只有4萬名美軍，並且全部是顧問人員，留駐越南共和國；而越南共和國軍隊的人數將擴編至超過100萬，由美軍顧問裝備和訓練，獨自擔負越南共和國

的防禦作戰。美國國防部部長梅爾文‧萊爾德將實施該戰略的途徑稱為「越南化」。在「越南化」的過程當中，尼克松總統仍會繼續努力與越南民主共和國談判代表達成協議以便中止敵對活動，這在很大程度上又取決於國家安全顧問亨利‧季辛吉把握的外交技能。

結果卻是，在一九七二年三月三十日，復活節前的一個星期四，越南民主共和國國防部部長武元甲對越南共和國發起了大規模進攻。3個步兵師、200輛戰車，以及1個裝備了最大口徑達130公厘重砲的砲兵軍跨過南北分界線，對越南共和國軍隊進行了正面攻擊。

當訓練有素的越南民主共和國正規軍突入越南共和國時，越南民主共和國軍隊好像在重演二戰時席捲歐洲平原的德軍閃擊戰，其表現已不像傳統的亞洲軍隊所為。越南民主共和國的卡車、戰車和牽引火砲沿公路成縱隊行進，以往使用游擊隊從叢林中突然襲擊的戰術已不再施行。越南共和國軍隊則被進攻的突然性和規模搞得暈頭轉向，無所適從。

理查德‧尼克松總統對越南人民軍的進攻迅速作出了反應，極大地加強了美軍對越南共和國部隊的空中支援力度，並重新開始對越南民主共和國進行轟炸。隨著美軍航母和陸基航空兵的部署，一場新的代號為「後衛I號」的空中戰役拉開了序幕。一九七二年五月十日，新的空中攻勢開始，其作戰範圍比先前的「滾雷」行動更為寬廣，所受的約束也更少，參戰兵力包括航母艦載機、空軍戰鬥機、B-52轟炸機等。同時，美軍航母也出動戰機對海防港進行了布雷。為了支援空中攻勢，第七艦隊派出了強大的巡洋艦和驅逐艦部隊，對越南民主共和國進攻部隊的陸上交通線進行了艦砲轟擊。很多次，美軍戰艦將順海岸公路南下的越南民主共和國軍隊直接置於艦砲火力的打擊之下。

第七艦隊指揮權的交接

在指揮權交接的當日，「奧克拉荷馬城」號受領了對岸轟擊的緊急任務，

目標爲越南南北高速公路穿越的一片沿海地帶。在這片區域，公路與海岸是如此接近，以至於在海上就可以清楚地看見往南急駛向廣治省的越南民主共和國卡車、戰車和部隊。九點整，「奧克拉荷馬城」號暫停砲擊1小時，以便進行指揮權交接儀式。大約在九點十分，美國海軍太平洋艦隊司令切克‧克拉里上將與數名參謀人員一道，搭乘直升機飛抵「奧克拉荷馬城」號。著陸後，克拉里上將簡單進行了梳洗，換上了全白禮服。接著，全體人員在後甲板集合，第七艦隊的軍樂隊奏響了樂曲。就在此時，有兩發砲彈分別落在了艦體兩舷之外，這是越南民主共和國岸砲在還擊。

於是，戰鬥警報拉響了，艦員迅速撤離後甲板，奔向各自的戰位。「奧克拉荷馬城」號巡洋艦急忙轉向駛離海岸，泊在距岸5000碼的位置，保證超出越南民主共和國火砲的射程。

我們重新開始交接儀式。「奧克拉荷馬城」號沿下風航行，使一股5節速度的微風輕輕吹過甲板，水兵和陸戰隊隊員們再一次集合，軍樂又被奏起。首長就位，發表演講，宣布命令，鳴放禮砲，隊伍解散。艦員們回到艙下，又換上了作訓服。一個半小時後，一架海軍直升機降落到艦艉，接上克拉里上將和他的隨從以及比爾‧馬克中將，飛往西貢，隨後他們再從那裡飛回夏威夷。

現在，我也換上了黃色卡其布制服。對岸砲擊又開始了，我登上了艦橋，對6英寸火砲轟擊的海岸高速公路上的敵軍陣地情況進行觀察。

第七艦隊司令及其參謀人員時刻準備出海，參謀們在岸上並沒有固定的辦公地點。參謀們在旗艦上組織協調工作，當時的旗艦就是「奧克拉荷馬城」號。該艦於二戰末期建造，是一艘標準的6英寸火砲巡洋艦。後來，該艦進行了改裝，配備了「黃銅騎士」導彈發射裝置（Talos），從而成爲了一艘導彈巡洋艦。「黃銅騎士」是遠程艦空導彈系統，可在超過100英里的範圍內對來襲飛機進行抗擊。旗艦「奧克拉荷馬城」號半永久性地部署在日本橫須賀海軍基地，艦員和參謀軍官與家屬就生活在基地的營區，沒有家屬的軍人則住在艦上。「奧克拉荷馬城」號設有一個相當大的將官餐廳，可以同時容納12～16人

就餐，餐廳的坐位則按資歷排序。那些沒資格在將官餐廳就餐的參謀，就同艦上軍官一道，在軍官住艙中吃飯。該艦還設有一處司令艦橋，比航海艦橋高一層。不過，司令艦橋並不常使用，因爲艦隊的大多數戰術行動都委託給特混艦隊、特混大隊，甚至是特混小隊的指揮官執行。不過，司令艦橋還是爲指揮員和參謀們提供了一個監督艦上事務和觀察周圍情況的極好空間。參謀們的工作一般就是組織計畫，通常在旗艦標圖室內完成。這也是戰鬥信息中心，通過顯示屏顯示部隊的位置和狀態，每日的交班也會在那裡舉行。

艦隊的參謀人員通常包括20名軍官和30名士兵。不過，當要在西太平洋和東南亞執勤的時候，常常額外增加12名資歷較淺的軍官來分擔增加的工作量。事實上，工作量也不一定總是增加，如在恢復「後衛Ⅰ號」行動的一個月後，這些額外增加的人都開始無所事事了。我想，這種情況在艦隊參謀中是經常發生的。

就對岸轟擊任務而言，前部裝有三聯裝6英寸艦砲的「奧克拉荷馬城」號非常適合。當時，全艦隊只有一艘裝備8英寸艦砲的巡洋艦，那就是「紐波特‧紐斯」號。而驅逐艦上裝備的最大口徑艦砲只有5英寸，射程和威力都不如6英寸艦砲，當時加強了的第六艦隊則配備了約70艘驅逐艦。因此，這艘旗艦被部署到砲擊戰列線當中，執行對岸轟擊任務，爲岸上部隊提供火力準備和火力支援。「後衛Ⅰ號」行動包括對越南民主共和國目標進行艦砲轟擊，而「奧克拉荷馬城」號幾乎每天都向對岸連續轟擊4～6小時。艦砲整夜轟鳴，會讓參謀們變得煩躁不安，並影響到他們在艦上的日常起居。例如，在艦上牙科診所的椅子上，放有一塊防水布。艦砲轟擊產生的震動使診所老化的天花板經常發生脫落，就診的病人若沒這塊布遮擋，天花板的碎片就可能落入其口中。

「奧克拉荷馬城」號的部署計畫與第七艦隊其他艦船相同。在東京灣執勤大約一個月，然後返回母港橫須賀休整一周。當「奧克拉荷馬城」號離開東京灣返航或訪問外國港口時，參謀人員仍要擔負指揮職能，不允許因此而導致工作效率有絲毫降低。在東京灣執勤時，司令與部隊之間的聯絡主要靠無線電和

電傳來進行。

第七艦隊司令的職責之一就是在西太平洋地區「展示美國的旗幟」，顯示美國的力量。這就意味著需要週期性地訪問環太平洋的其他國家，就是在越南戰爭期間，訪問也沒有減少。「奧克拉荷馬城」號會經常訪問日本佐世保、中國臺灣臺北、中國香港、沖繩那霸的白灘以及馬來西亞和泰國的港口。旗艦「奧克拉荷馬城」號每年還會訪問一次澳大利亞，但在越南戰爭期間被取消了，因為海上航渡的時間太長。在外國港口訪問期間，第七艦隊司令會拜會當地的軍政首腦，通常包括在各國官邸和「奧克拉荷馬城」號上互設招待宴會。鑑此，第七艦隊司令的夫人能否在場被視為一件非常重要的事情。當然，夫人是不可以隨艦航行的，在橫須賀的海軍航空站則有一架噴氣式專機會將夫人接到被訪問港與丈夫團聚，並作為女士代表出席活動。要員專機為T-39型「軍刀」，如果乘客不超過4人，乘坐的感覺會相當舒適。戴布尼喜歡獨自動身，這的確需要一定的勇氣。甚至有一次，「軍刀」上的乘客只有她一人，除此之外只有兩名駕駛飛機的海軍中尉。當時，專機由厚木海航空站飛往中國臺北，參加艦隊的一次正式訪問活動。當從日本起飛3個小時後，飛機的增壓設備在4萬英尺的空中突然發生故障。飛行員急忙操縱飛機翻轉，幾乎是以垂直的方式高速俯衝至1萬英尺的高度，以使空氣中的壓力和氧氣變得適合，否則人將無法存活。然而飛機卻無法在這樣的高度以經濟航速飛行，所剩的油料已無法保證飛抵中國臺灣，因此就立即返航厚木海航空站了。事件發生時戴布尼顯得無所畏懼，一名飛行員在事後告訴我，他對戴布尼當時的鎮定感到非常意外。不過，在返降日本後，戴布尼卻不肯重新搭乘第二架飛機前往中國臺灣與我團聚了。

「奧克拉荷馬城」號返回橫須賀母港後，一年當中有一到兩次在船廠進行維修或改裝。這樣，「奧克拉荷馬城」號在橫須賀一般要停留兩周左右，特別是進干船塢以後。這時，我就會飛回東京灣，登上一艘航母，乘坐直升機視察艦隊的各型艦船。為了使司令的視察工作能更加方便，第七艦隊還配備了1架能

在航母上起降的噴氣式運輸機。這架飛機由A-3型雙發噴氣式轟炸機改裝而成，原先的炸彈艙艙蓋被封死並改為一個座艙，艙內的座椅除安有降落傘外，還被特別加固使其能抵抗住攔阻降落時的衝擊力。每次視察，第七艦隊司令一般在橫須賀的直升機機場登上直升機飛往厚木海航站，然後換乘A-3型攻擊機直飛東京灣，最終降落在一艘航母上。搭乘航母上的直升機，艦隊司令可以視察東京灣執勤的各種艦船。通常，東京灣之行也包括訪問西貢的越南共和國海軍司令部。這時，就有1架從新山一機場起飛，裝有機槍和反導裝置的海軍陸戰隊特種作戰直升機予以護衛。

第七艦隊的參謀一般早八點在旗艦標繪室內開始一天的工作，首先是進行情況簡報，在我看來，情況簡報是參謀工作中很重要的一個環節。我的參謀經驗來自於海軍作戰部部長辦公室，那時我也每日參加情況簡報。通過情況簡報，我瞭解了我的參謀隊伍，並使他們知道我的行事風格。一幅巨大的地圖懸掛在標繪室，紙板做的艦模塗上了各種特定顏色來代表不同類型的艦船，這些艦模被釘在海圖上，顯示出相關艦船的位置和狀態。與航母上顯示空中行動的塑料油筆畫板類似的狀態顯示板也安裝在標繪室，艦隊中所有兵力戰鬥力的信息都被列在其上，越南共和國軍隊的防線也被畫在圖上，可能的話還會標上越南民主共和國主力部隊的陣地。

與今天的電子顯示屏相比，這套設備是相當原始的。但是，這些圖標卻顯示了整個東南亞的態勢。情況簡報一般從介紹一次作戰行動開始，這些年輕的軍官在彙報時是不允許念稿的。他們使用指揮尺在海圖上介紹行動所涉及的各種兵力，內容細緻到被擊落的飛機、海上的墜毀以及艦船發動機的故障等。剛開始，新參謀們都會為脫稿彙報而感到緊張和恐懼。不過，隨著他們在值班過程中不斷地標繪情況的發展，他們最終都能熟記各艦隊部隊的狀況，並清楚地進行彙報。作戰行動彙報之後，便是情報簡報，用大屏幕顯示出來。我不喜歡很複雜的幻燈片，這樣做太耗時間和人力了，並且只能被用上一兩次。因此，我只要求彙報者在畫板上寫出或畫出即可。我反對使用幻燈片的理由是，製作

這些幻燈片往往需要提前18～24小時，在這段時間裡，情況的發展變化往往很大。

指揮關係

東南亞地區的軍事指揮關係相當複雜，需要仔細區分和研究。對於置身事外的人而言，複雜的指揮關係好像就是為了保住各軍種和各司令部自己的權力和地盤。其實，一個詳細而複雜的指揮體制得以施行，是由於有各種不同的單位參與其中，有些單位根本就不執行軍事通信、指揮和控制條令。涉及的機構有白宮、國務院、國防部、外國盟友（越南共和國）、陸軍、海軍、空軍和戰略空軍司令部（戰略空軍司令部獨立於空軍）等。此外，我們參與的戰爭還不止一個：與蘇聯的冷戰（包括北約和核戒備部隊），與越南南方民族解放陣線的游擊戰，與越南民主共和國的有限戰爭，還有與中國的戰爭（誤入中國空域的美軍飛機被擊落）。針對越南民主共和國的軍事行動指揮鏈發端於國家指揮當局，包括總統和國防部部長；太平洋戰區總司令，他是戰區指揮員；再到美國駐越南軍事援助司令部司令，他對下屬軍種司令行使指揮權；對於海軍而言，由駐越南海軍部隊司令指揮，他們主要是軍事援助人員和江河部隊，並沒有海軍主戰兵力配屬給駐越南海軍部隊。

航母作戰

一九七二年東南亞軍事衝突中貢獻最大的美國海軍兵力當屬航母。除了顧問外，美軍地面部隊正在撤離越南。參與戰鬥的只有美國空中力量，來自空軍、海軍、海軍陸戰隊和戰略空軍司令部。海軍空中力量的貢獻可以用以下這個事實來說明：那就是針對越南民主共和國的所有戰鬥飛行架次中，超過一半是由海軍飛機完成的。

航母及其特混編隊通過一條不同的指揮鏈來遂行任務。首先是國家指揮當局，再到太平洋戰區總司令，然後是太平洋艦隊司令，第七艦隊司令，最後是第77特混編隊司令，也就是航母打擊部隊。之所以通過一條獨立的指揮鏈，是因為第七艦隊司令負責的西太平洋轄區相當廣闊，包括在越南地區之外的兵力計畫和運用，涉及的任務還有與蘇聯可能進行的全面戰爭，這就會動用艦隊的核打擊力量。長期以來，參聯會條令堅持這種指揮關係，是充分考慮到了海軍兵力的機動性和擔負任務的多樣性——從應急作戰到全面戰爭。根據參聯會條令，第七艦隊只是支援美國駐越南軍事援助司令。

第77特混編隊擁有艦隊所有的航母和主要的戰鬥艦艇遂行支援任務。主要水面戰鬥艦艇包括：巡洋艦、驅逐艦和護衛艦，它們由設在美國本土的行政單位（如大西洋或太平洋艦隊巡洋艦部隊）配屬至第七艦隊的水面戰部隊第75特混編隊。當作戰時，這些水面戰鬥艦艇則被劃歸第77特混編隊指揮，與航母一道組成航母特混編隊，這也是航母打擊行動中的基本戰術單位。一個典型的航母特混編隊由1艘航母、數艘驅逐艦、3～4艘護衛艦組成。當巡洋艦不執行對岸火力支援或其他獨立任務時，也會被編入航母特混編隊。

主要的水面戰鬥艦艇輪流加入航母特混編隊，其他時間則執行諸如艦砲火力支援（對岸轟擊）和掩護補給船隊等任務。航母特混編隊的數量和種類總是保持不變，但其中的水面戰鬥艦艇卻經常變換。

我曾經將航母特混編隊的指揮控制權委託給第77特混編隊司令（一名航空兵中將）和他的參謀人員，他們制訂了航母空中的大部分作戰計畫。特別是，第77特混編隊司令還負責航母空中作戰與駐越南和泰國的美國空軍空中戰術行動部隊的協調工作。因此，第77特混編隊在美國駐越南軍事援助司令部中常駐有聯絡官，通常是一名資深海軍上校。第77特混編隊司令及其參謀人員總是在航母上工作，在陸上則沒有行政和作戰的指揮所。因為第七艦隊中的航母每隔6～7個月就會輪換，所以會經常更換旗艦。充當旗艦的航母在執勤30天後就要進港維修和補給，或進行輪換。這就意味著，在這段時間內，第77特混編隊司

令及其參謀不在東京灣。

　　爲了塡補指揮的空白，一個指揮機構，也就是第77.0特混大隊被組建起來。指揮員是一名兩星航空兵少將，由輪換至第七艦隊轄區進行爲期6～7個月部署的航母支隊司令擔任。此人來自大西洋或太平洋艦隊航空兵，駐地在諾福克或聖地牙哥。第77.0特混大隊經常部署至東京灣，負責對在東京灣執勤的所有航母特混編隊進行作戰控制。第七艦隊的航母特混編隊，最多時有6個，代號分別被編爲第77.1至第77.6特混大隊。

　　航母特混編隊及其艦載機聯隊的戰術是根據美國艦隊戰術出版物和海軍航空訓練和作戰程序設定的。那時大西洋和太平洋艦隊的海軍戰術飛行程序已不像二戰期間及戰後初期那樣區別明顯，它們在很大程度上趨於融合。儘管如此，爲適應在東京灣進行的所謂「特種作戰」，海軍戰術飛行程序還是作了一些專門的修改。因此，航母和艦載機聯隊會根據這些特別的條令進行針對性訓練，爲部署至西太地區作準備。

　　根據國家的總體政策和相關指導，有時甚至爲達成一些特殊目標，作戰目標由華盛頓傳遞至太平洋總部。華盛頓指定的目標多種多樣，取決於白宮的政治氛圍和國防部高官的意願。在華盛頓，指令通過參聯會傳遞給太平洋總部，太平洋總部則會準備一份打擊清單，然後分配給美國駐越南援助司令部和第77特混編隊。對此，美國駐越南援助司令部和第77特混編隊會密切協調，確保國家和參聯會的意圖付諸實現。空軍和海軍之間進行目標分配，以便最大程度的發揮各自裝備的性能。第77特混編隊和美國駐越南援助司令部的指揮員也會自行增加打擊目標，以便國家目標達成。第77特混編隊司令的目標清單和作戰的基本指導思想被分配給第77.0特混大隊司令，第77.0特混大隊司令則根據編隊中的航母數量和艦載機狀況，將每日的打擊任務部署給航母。在接到每日空中行動計畫後，航母上的作戰部門就把計畫的飛行架次分配給飛行中隊。飛行中隊要保證有足夠的飛機來執行任務，並使飛行員詳細瞭解任務要求。

在一九七二年，海軍擁有15艘攻擊型航母，其中包括1艘執行攻擊任務的反潛航母。在行政關係上，8艘航母部署至太平洋艦隊，6艘航母則部署至大西洋艦隊。儘管如此，所有的航母，無論行政上屬哪個艦隊管轄，都會根據特定的作戰任務，共同進行戰鬥部署活動。這與朝鮮戰爭中的情況不太一樣。在朝鮮戰爭中，大西洋艦隊的航母大多數部署在地中海的第六艦隊，而在朝鮮執行任務的幾乎都是太平洋艦隊的航母。對於在越南執行任務的大西洋艦隊航母而言，大西洋總部對其擁有行政的指揮權，但當其進入太平洋戰區的地理範圍之內時，作戰控制權則轉由太平洋總部負責。除了在第七艦隊保持5～7艘航母外，美國海軍還隨時在第六艦隊部署有2艘航母。越南戰爭當中，有一半的航母部隊常年部署，此舉加快了艦艇裝備的老化，航母部隊的這種狀況在二十世紀七〇年代末期才真正開始全面改善。

第七艦隊的實力

一九七二年五月底，對第七艦隊的增援大部分已完成，艦隊擁有自二戰以來的最大規模和最強實力。全艦隊擁有73275名海軍人員和27443名陸戰隊隊員、6艘航母、60艘驅逐艦和護衛艦、31艘兩棲艦船以及12艘潛艇。此外，還有34艘後勤支援艦，包括油船、彈藥船、補給船、供應船以及其他特種船隻，全部在東京灣對作戰部隊進行海上保障。

此時，作戰節奏已加強。一九七二年五月二十四日，第七艦隊兩棲部隊，包括3支應急反應大隊（ARG）和12艘大型艦船，開始執行「蘭山72」行動（Operation Lam Son 72）。這是一次協同兩棲和垂直包圍支援行動，越南共和國海軍陸戰隊隊員將被投送至順化西北20英里處。第七艦隊的3艘巡洋艦和7艘驅逐艦，包括旗艦「奧克拉荷馬城」號為該行動提供了艦砲火力支援，「奧克拉荷馬城」號艦上的6英寸艦砲可以直接打到登陸地域。當時，所有的美軍地面部隊已不再執行作戰任務，只扮演顧問和後勤支援角色。越南共和國海軍陸戰

隊隊員由美國水兵操作的登陸艇和美國海軍陸戰隊飛行員駕駛的直升機輸送。此次從空中突入越南民主共和國軍隊後方的行動非常成功，導致越南民主共和國對越南共和國的攻勢受挫，迫使河內暫停進攻，將重兵重新部署至後方地域，應對越南共和國海軍陸戰隊隊員可能的威脅，越南共和國海軍陸戰隊隊員稍後則由第七艦隊的直升機撤走。

此次行動如此成功，以至於在七月十一日，又開始了「蘭山72」的第二階段行動。在行動過程中，從美國海軍「沖繩」艦和「的黎波里」艦起飛的35架直升機輸送了840名越南共和國陸戰隊隊員，並在廣治東南著陸。美軍陸戰隊的直升機遭遇了激烈的火力抗擊，1架CH-53直升機被SA-7肩扛式熱尋防空導彈擊落，2架CH-46直升機墜毀。

「蘭山72」的第三階段行動也很快展開。從美國海軍「沖繩」艦起飛的兩波直升機將689名越南共和國陸戰隊隊員投送至廣治東北7英里處的敵後，此舉減輕了越南民主共和國軍隊對廣治的壓力，為越南共和國軍隊重新攻占廣治做出了突出貢獻。

陸戰隊獵殺行動

越南民主共和國海防港被美軍艦載機布放的水雷炸癱瘓了。23艘商船被困在海防港內。從其他國家而來的運輸船，如中國、波蘭和蘇聯，滿載戰爭物資卻無法進港卸貨。對越南民主共和國的海上封鎖幾乎是100%成功。不過，在一九七二年六月，我們發現對方發明了一種新的補給方式。貨船在海防港外島嶼的避風處錨泊，然後將貨物卸載在小艇上，包括小舢板等。小艇在接貨後，溜進海防東部的小港灣和內河中，然後通過人力進行卸貨。該活動最早由進入河內地區進行打擊的艦載機發現，情報很快就被傳遞至兩棲部隊，接著海軍陸戰隊的直升機就被派往現場進行覈實。從韓島附近小艇活動的密度來看，這種方式已成為主要的運輸方式。當時在沿岸的小港灣中集結了大量的小艇，有些

已向商船錨地進發了。根據我方的交戰規則，懸掛蘇聯、波蘭、中國和其他共產黨國家旗幟的貨船是不允許進行攻擊的，甚至在它們卸貨的時候，而越南民主共和國的小艇則很適合陸戰隊直升機使用機槍進行打擊。在幾小時後，我決定開展一項新的優先作戰任務，代號爲「第一號陸戰隊獵殺」行動。兩棲直升機母艦奉命由越南共和國邊和（Bien Hoa）駛往海防三角洲附近，並派出了AH-1「眼鏡蛇」直升機，在韓島附近攻擊從商船返航海岸卸貨場的小艇。開始時，戰果相當不錯，大量的小艇被擊毀，迫使越南民主共和國放棄這種戰爭物資的擺渡活動。越南民主共和國企圖在陸戰隊直升機完成第一次打擊後離開的空隙，重新用小艇進行裝載和運輸，卻沒有料到直升機會進行第二波突襲。接下來，「第一號陸戰隊獵殺」行動採取了一種新的戰術。「眼鏡蛇」直升機在敵方錨地視距外的空域逗留，只要有越南共和國的水手報告越南民主共和國小艇在活動，「眼鏡蛇」直升機就應召對其進行打擊。

於是，對方試圖在夜間進行作業，陸戰隊的直升機則使用照明彈和夜間攻擊予以應對。在沒有辦法的情況下，對方竟將貨物用防水材料包裹後投入水中，期盼潮水能將這些貨物推上海灘。這種方法對於諸如食物等較輕的物資是有效的，但對於彈藥和重型裝備等較重的貨物是不可能施用的。此外，很多次，當食品等貨物被推下水後，一股吹向大海的海風改變了潮水流向，結果貨物只能漂向大海。陸戰隊執行獵殺任務的直升機也時常對水中的貨物以及越南民主共和國的卸貨岸灘進行掃射。在「第一號陸戰隊獵殺」行動執行一個多月後，對方放棄了通過擺渡和漂流運輸物質的活動。

對越南共和國前線的視察

一九七二年七月，廣治地區的越南共和國野戰部隊總司令邀請我訪問前線部隊。僅有一名助手陪同，我搭乘「黑鬍子一號」直升機前往西貢。該直升機配備在「奧克拉荷馬城」號上，專門供第七艦隊司令使用。我們乘坐的

直升機加油後，在幾架越南共和國軍隊武裝直升機的護衛下，飛到了越南共和國軍隊的司令部，越南共和國軍隊剛剛打了勝戰，收復了廣治省。我視察了越南共和國的前線，看到了剛下戰場身心疲憊的越南共和國軍人，發現了成堆的繳獲武器，甚至還有被航母艦載機擊毀或被越南共和國地面部隊繳獲的蘇制戰車。之後，我們前往越南共和國軍隊的指揮所掩體，聽取了有關此次戰役的簡報，並瞭解了美軍陸戰隊直升機在戰場中的表現。下午三點，我準備動身返回，越南共和國的指揮官對此憂心忡忡，因爲越南共和國軍隊在廣治的司令部處於越南民主共和國8英寸口徑遠程火砲的打擊範圍之內，該型火砲由中國生產並提供給越南民主共和國。當日下午，就有幾發砲彈落到越南共和國軍隊司令部附近，但我還是急於離開。當我們準備登上「黑鬍子一號」直升機時，才發現直升機上的蓄電池已沒有足夠的電量起動發動機。飛行員告訴我們，除非更換電池中的某個電器設備，否則就不可能起動發動機，而這個設備需要從艦隊運來。接著，飛行員使用無線電臺呼叫第七艦隊，最終信號被轉到旗艦「奧克拉荷馬城」號上。信號的內容是：「黑鬍子一號」在廣治省落地。這個信號通常用以表示在地面無法操縱的故障飛機。飛行員報告，需要獲得必要的配件，要求一名機械師攜帶配件趕往越南共和國軍隊的司令部。越南共和國軍隊則從他們的直升機當中選派了一架將我送回了西貢，隨後我前往新山一空軍基地，美軍航母上的一架直升機將我從新山一空軍基地送回「奧克拉荷馬城」號。

　　「黑鬍子一號」發出的無線電信號在接力傳遞過程中發生了歧義。當信號傳到旗艦上時，被理解爲第七艦隊司令及其座機在廣治省被擊落。通常，在越南，一架直升機落地的報告，就意味著被敵人擊中並墜毀。更可笑的是，「奧克拉荷馬城」號未對該報告進行覈實就發往了美國國防部。在情況澄清之前，這引發了不小的恐慌。

萊曼上尉

　　一九七二年十月，我從海軍作戰部副部長湯姆・康諾利中將那裡私下得到了一則消息：總統已任命國家安全顧問亨利・季辛吉對越南戰場上海軍的作戰效能進行評估。該建議可能是由美國陸軍或空軍提出的，因爲當時美國地面部隊已撤離越南，涉及陸軍和空軍的行動已大幅減少。康諾利中將告訴我，季辛吉將派私人代表前往第七艦隊，預計一星期內抵達。季辛吉的私人顧問是美國海軍後備隊的約翰・萊曼上尉，該人被授權自由視察、提問和調查。對此，國防部中的海軍高官明顯感到緊張。他們擔心，讓一名下級軍官來評估整個艦隊在如此複雜的戰區中遂行任務的表現是否合適。因此，有建議稱，萊曼最好不要在整個艦隊中自由行動和提問，而應由高級軍官向他提供總的情況報告。

　　但是，我卻決定採取一種不同的接待方式。根據我在「企業」號上任艦長以及作爲地中海第60特混編隊司令時接待國防部和白宮代表的經驗，我認爲最好的解決辦法是將這些代表帶到前線，當然是要他們願意前往。這樣，他們就能親眼見到作戰行動的開展狀況，而非在指揮所聽取二手的報告。我計畫將萊曼帶到砲擊戰列線中的一艘驅逐艦上，讓他對艦砲火力支援有直觀的印象。然後，他可以乘坐一架A-6「入侵者」攻擊機，深入越南民主共和國上空體驗作戰行動。當日，他的座機會在薩姆導彈的射程之外活動。

　　下午四點，萊曼搭乘直升機由西貢抵達。他身著藍色制服，在直升機旋翼激起的氣流中，緊緊抓住他的大簷帽。我們將其接進了一間舒適的住艙，軍需官爲他準備了一套卡其布作訓服。這是艦上參謀每日的標準著裝，便於上下直升機和攀爬艦上的舷梯。在高級參謀的協助下，我就作戰行動和艦隊的概況向萊曼作了簡短的介紹，他沒有提什麼問題。與往常一樣，我們在將官餐廳就餐，氣氛活躍，食品豐富。當我剛接任第七艦隊司令時，將官餐廳簡直是一

個奇怪的展廳。一名參謀的妻子用膠合板對它進行過「裝修」，掛上了梵高繪畫作品的複製品，擺上了塑料花束，使其看起來「不是那麼嚴肅和太過軍事色彩」。我很快就把這些東西搬走了，因為艦砲開火的衝擊力常使這些膠合板脫落，更重要的是這些東西是易燃物品。終於，將官餐廳看起來又像一間艦上的傳統餐廳了，擁有深灰色的艙壁，漆成白色的損管水龍帶穿過天花板，大型的電子元件裸露著黃銅把手，油畫被移除，銅質元件被打磨得發亮。標準的軍官住艙的鋁制傢俱被重新安裝，所有的座椅都罩上了白色外罩，這也是在亞洲水域活動的艦船的標準裝飾，可能起源於英國海軍。在艙壁上懸掛的只是少量第七艦隊的歷任旗艦和在歷史上其他被命名為「奧克拉荷馬城」號的軍艦的圖畫。這些都具有歷史意義，富有海軍特色。參謀在住艙干很多活，我就是要讓它看起來像一個傳統的戰時住所。

　　用完餐，我向萊曼介紹了一下訪問安排。根據我原先與國防部文職人員接觸的經驗，我們料想，萊曼會反對親自乘坐A-6攻擊機，這也是我們求之不得的，我們也不想讓萊曼尷尬不安。但是，萊曼是一個異類，他對從航母上起飛特別感興趣，還問是否可以參與一次攻擊行動。我解釋，面對越南民主共和國密集的防空火力，每天都有人員傷亡，而作為季辛吉圈內的核心人物，他若被俘或受傷，將會使政府相當麻煩和尷尬。萊曼終於同意待在可能被敵人俘獲的空域之外更為明智，不過他堅持要求隨機飛行。

　　接下來的一天，萊曼被直升機接到了「薩拉托加」號航母上，該艦為第77.3特混大隊的旗艦，海軍航空兵的高級將領就在航母上空對第七艦隊的空中作戰進行戰術指揮。海軍航空兵指揮官是一名海軍少將，非常有趣，他的朋友都叫他「大苦力」。6英尺4英寸的高度，配以大個子和方下巴，他常使人想起連環畫《特瑞和海盜》中的「大駝背」。「大苦力」曾在國防部任職，在那裡他非常熱衷於向文職人員宣傳航母艦載機的重要性。「大苦力」肢體語言甚於言辭，以至於國防部部長命令海軍部部長禁止他前往國防部部長辦公室所在的三樓，理由是他對文職人員進行恐嚇。

　　「大苦力」是航空兵方面的專家。他在36歲時就擔任F-8型戰鬥機中隊的指揮員，當時他已是一名空戰的王牌飛行員。他在擔任艦載機聯隊指揮官時，飛過聯隊中的所有飛機。在擔任航母支隊指揮官前，他曾是一名航母艦長。他使人認識到，作為海軍作戰部隊的航空兵指揮官，工作辛苦、經驗豐富、專業紮實。對於萊曼，我很快發現，他是一名知識豐富的優秀青年，能很快發現事務的本質，並將其與巧妙的言辭相區別。我相信，「大苦力」對他而言，是一位風趣和高素質的第七艦隊發言人。

　　我通過無線電與「大苦力」聯絡，告之我要他使萊曼更好地理解第七艦隊的作戰行動，特別是航母作戰行動，當時航母作戰行動已占海軍在越南行動的90%。萊曼坐在了A-6「入侵者」攻擊機武器操縱和領航員靠右側的位置，這架「入侵者」將與打擊機群一道飛抵海岸，然後沿海岸飛行，在打擊機群退出時重新加入。除了不飛入陸上空域外，他會參與整個行動，我們要確保他不會被擊落和被俘。

　　第二天中午，「大苦力」向我彙報稱，萊曼在A-6攻擊機上的表現很不錯，他充滿熱情，並在15分鐘內學會了操縱機上的複雜雷達設備。於是，他對A-6攻擊機上電子和武器裝備的性能有了一個較好的評價。對約翰‧萊曼的海軍事務教育就這樣開始了。但在當時，我們很少有人料到，此人會在日後漫長的文職生涯中，成長為一名出色的海軍部部長。

　　萊曼對第七艦隊的其他部隊也進行了考察，包括執行對岸轟擊任務的水面戰鬥艦艇。對於我能乘坐在裝備6英寸艦砲的巡洋艦上，直接看到對岸上目標的轟擊，觀察砲彈的下落，甚至有時看見岸上彈藥庫被擊中而誘發的第二次爆炸，萊曼感到非常羨慕。約翰‧萊曼在日後給我的信中表示，他給季辛吉的報告非常積極，他覺得對於海軍的作戰行動沒有什麼地方可以指責，他認為季辛吉不但瞭解第七艦隊作戰行動的實際情況，還明白艦隊做出了特殊而主要的貢獻。

　　當我第七艦隊司令的任期屆滿時，我在國防部遇到了萊曼，那時他已是

Fred Ikle手下軍備控制和裁軍署的一名職員。我們談及彼此對海軍航空兵的興趣愛好，探討了在未來戰爭和戰略規畫中航母的地位和作用。在一九七四年我成為海軍作戰部部長時，我要求萊曼擔任我的私人顧問，主要負責限制戰略武器談判（SALT）事務，同時也負責海軍的其他作戰和政策工作，特別是涉及航母和海軍航空兵方面的工作。當約翰‧萊曼在雷根政府擔任海軍部部長時，我已從海軍退役，但他仍與我保持聯繫，與我探討海軍事務。

多年後，我遇見了「薩拉托加」號航母上的一名退役海軍航空兵，他告訴我，他就是萊曼乘坐的那架飛機的駕駛員，當時萊曼曾堅持要求飛機不要沿海岸盤旋，而是要與其他A-6攻擊機一道飛向目標區。當時我對此的激烈回應是：「少跟我囉嗦！」

第5章
越南：海防港之戰

　　美國海軍巡洋艦「紐波特‧紐斯」號（CA-148）上懸掛的第七艦隊司令旗迎風飄揚，其8英寸口徑的主砲狂怒地進行著彈幕射擊。不過，在海防港的航道上，「紐波特‧紐斯」號似乎遇到了麻煩。這是一九七二年八月二十七日的午夜，3艘越南民主共和國魚雷艇利用黑夜和吉婆群島中眾多石灰岩島嶼的掩護，企圖伏擊這艘重巡洋艦。蘇制P-6快艇正全速向「紐波特‧紐斯」號的後路襲來。

　　「紐波特‧紐斯」號向東航行，很快就要進入沒有迴旋餘地的狹窄海域了。東面是萊德挪威群島，東北面是吉婆島海岸，北面是海防的淺灘和雷區。P-6快艇裝備了魚雷還是導彈，或是兩者兼有，不得而知，然而僅魚雷就夠麻煩了，情況十分混亂。

　　作戰情報中心報告，發現了第四艘快艇。我們怎麼會陷入這樣的困境中呢？

「獅穴」行動

　　一九七二年八月中旬，參聯會主席指示我準備一次海軍艦砲打擊行動，代號「獅穴」，目標海防及吉婆島地區的岸上設施，包括吉婆島機場、兵營、岸砲、彈藥庫和雷達等。這次行動與例行性的「後衛」系列艦砲打擊行

動不同。海防在前線以北300海里，是越南民主共和國的主要港口，並有重兵把守。一九七二年五月八日，第七艦隊已對該港的航道進行過密集布雷。鑑此，越南民主共和國大大加強了海防港的防禦，部署了搜索雷達、海岸觀察站、岸砲、火控雷達、地空導彈和火控指揮中心等。

第七艦隊情報參謀在彙報敵情時表示，在「獅穴」行動中，應該不會遭遇空中威脅，越南民主共和國在該地區只部署有晝間戰鬥機，缺乏對艦實施夜間攻擊的能力；所有的情報都表明，沒有魚雷或導彈快艇的威脅。幾個月來，通過航空偵察和通信監聽，還未發現有快艇在海防出沒，只有岸砲對執行砲擊任務的軍艦構成一定的威脅。

作為第七艦隊的司令，我對「獅穴」行動負有特殊的責任。我並不缺乏執行對岸轟擊任務的個人經驗。第二次世界大戰中，我是「本尼恩」號驅逐艦（Bennion，DD-662）上的槍砲長，我指揮過對塞班、提尼安、關島、帕勞和菲律賓的艦砲火力準備和火力支援。在帕勞，「本尼恩」號在進攻貝利琉時曾三次打光了彈艙中的所有砲彈；在萊特灣戰役期間，「本尼恩」號曾被薩馬島上的岸砲擊傷。當「羅斯」號驅逐艦（Ross，DD-563）被水雷重創時，「本尼恩」號就在它的邊上。一九七二年用於砲擊越南民主共和國的艦砲和彈藥與二戰時的大體相同：5英寸口徑、6英寸口徑、8英寸口徑。

在越南期間，所有裝備艦砲的主力戰艦都輪流加入砲擊戰列線執行任務。甚至第七艦隊旗艦導彈巡洋艦「奧克拉荷馬城」號（CLG-5）也是每隔3～4天就會使用其6英寸的艦砲對岸進行火力支援。儘管越南民主共和國還擊了很多發砲彈，但從來沒有重創我方軍艦，其火砲反擊只造成過輕微的傷亡。

第七艦隊的巡洋艦和驅逐艦每日都執行艦砲火力支援任務，對越南民主共和國岸砲構成的威脅不屑一顧。當越南民主共和國的砲彈落點靠近時，軍艦隻需簡單地改變航向和航速，越南民主共和國的岸砲就需要重新計算射擊諸元。越南民主共和國岸砲是陸軍的野砲，並不適合打擊移動目標。對於固

定目標而言，這些火砲卻頗具殺傷力。在奪取溪山的戰鬥中，對海軍陸戰隊基地的砲擊就是很好的例證。越南民主共和國運用這些火砲的方法是，先對一個固定點進行幾發試射，觀察彈著點，然後對射程和方位角進行修正，直到連續擊中目標，這樣就等於火砲已經瞄準，當再次開火時，就是對目標區進行飽和砲擊，這樣能產生災難性後果。

我一直憂慮，如果我們的哪艘軍艦在敵人岸砲射程內喪失動力，那麼不出幾分鐘，就會被砲火連續擊中，這是我擔心的主要問題。為了擊中海防和吉婆島的目標，軍艦需要靠近海岸，直接處於敵人岸砲射程之內。儘管敵人對移動目標的射擊不是那麼精準，但情報圖片顯示，敵人的岸防設施極多，其發射的砲彈還是有可能碰巧擊中某艘軍艦的。如果砲彈擊中了關鍵部位，如彈藥艙或是動力室，軍艦就會失去動力，於是便成為岸砲的活靶子。

第二次世界大戰中，當發生這種情況時，就需要另外一艘軍艦駛近被擊中的軍艦實施拖帶，或是派出專門的艦隊拖船（當時，在執行對岸轟擊和兩棲登陸作戰時，艦隊拖船是時刻待命的），直到受傷的軍艦離開敵人火砲的射程。但是此次針對海防港的行動，是在夜間展開並且沒有空中掩護，又處於密集的岸砲火力打擊之下，要進行拖帶十分困難。拖帶艦船被擊中的可能性極大。除了參加砲擊任務的編隊外，艦隊的其他部隊都在幾百海里之外。

任何軍事指揮官在戰時都時刻準備面對損失，但是都希望避免不必要的損失，收益應該比損耗要多。最壞的情況是，一艘美國驅逐艦在海防港被砲火擊沉，倖存的艦員可能在幾分鐘後獲救，但救援艦船也要冒極大的風險，我們也無法拖回受傷的軍艦。編隊在砲擊時可能要運動7海里，該處的水深只有40～50英尺。驅逐艦在這種深度的水域若被擊沉，還是可以打撈的，不過打撈的可能就不是友軍了。在敵人密集的火力下，我方實施打撈是不太可能的，甚至為了打撈而在這片海域建立空中優勢也難以做到，因為我們處在敵人地空導彈的射程之內。這樣，軍艦的殘骸就可能被敵人的潛水員打撈，一些敏感的裝備就可能被敵人獲取，機密材料可能落入敵手，然後被移交給他

們的盟友，如中國和蘇聯。如果涉及電子密碼機和機密文件，那麼後果將十分嚴重。

我最擔心的是核武器。當時的美國國家政策是，既不承認也不否認美國軍艦上攜有核武器。該政策對於國家核威懾而言是十分必要的。這樣就可以讓我們具備核能力的艦艇，如潛艇、巡洋艦和航母等，進入中立國和盟友的港口。同時，這也可以使蘇聯猜不透我們的核戒備水平。如果敵人有機會查看我們軍艦的內部情況，他們就能發現彈藥艙中有什麼或沒有什麼，這樣的話，「不承認也不否認」的政策就會被削弱。

我的參謀通過保密電話與太平洋艦隊司令部的同行進行了交流，提及對於在海防砲擊行動中遭遇損失的擔心。對方的回答是，國防部熱衷於此次行動，根據以往的經驗來判斷，敵人岸砲威脅很弱，計畫必須執行。

一九七二年八月二十五日，第七艦隊收到了太平洋總部和太平洋艦隊司令部轉來的參聯會指令，要求水面戰鬥艦艇在八月二十七日砲擊太平洋總部和參聯會確定的打擊目標：海防—吉婆島機場體系。

指令立即被送到了第77.1特混大隊，這是第七艦隊的水面作戰部隊。第七艦隊的一些參謀建議由艦隊參謀指揮這次行動，僅要求第77.1特混大隊執行命令即可。但我對此表示反對，我一直主張，只要下級指揮官能力適當，就應該實施任務型指揮模式。第77.1特混大隊指揮官經驗豐富，其參謀班子也表現良好，第七艦隊的水面作戰行動一直以來也執行得不錯。對第77.1特混大隊做出的唯一安排是，在打擊部隊中，用裝備有8英寸艦砲的「紐波特·紐斯」號巡洋艦替換「奧克拉荷馬城」號。沒有必要將旗艦上複雜而脆弱的指控電子設備暴露在敵人的砲火之下。這些設備非常精貴，甚至本艦火砲射擊引發的震動和氣流都可能使之失靈。二十七日下午，第七艦隊司令會搭乘直升機前往「紐波特·紐斯」號指導作戰行動，但不會干涉編隊的戰術指揮。

我之所以要隨部隊行動是出於兩個原因。第一，既然已經說明沒有危險，就要親自證明這種判斷。第二，傍晚的砲擊還可以讓我觀察越南民主共

和國的戰鬥能力。

執行「獅穴」行動的艦船被編為第77.1.2特混小隊，戰術指揮官為第25驅逐艦中隊指揮官約翰·勒恩上校，指揮艦為導彈驅逐艦「羅賓遜」號（Robison，DDG-12）。「羅賓遜」號與裝備6英寸艦砲和導彈的巡洋艦「普羅維登斯」號（Providence，CLG-6）組成一個特混分隊；二戰期間服役的基林級（Gearing）驅逐艦「羅文」號（Rowan，DD-782)與重巡洋艦「紐波特·紐斯」號則組成另一個特混分隊。之所以選擇「羅文」號是因為該艦已進行過改裝，用「百舌鳥」反輻射導彈代替了「阿爾法」反艦火箭彈。「百舌鳥」反輻射導彈最初是作為空地導彈大量裝備第77特混編隊航母艦載機的，用以對付越南民主共和國的高砲和防空導彈火控雷達，它專門瞄準開機雷達輻射的電磁信號。「羅文」號的改裝是一項試驗，在「獅穴」行動中，將首次進行水面艦艇對抗岸防火控雷達的試驗活動。

第77.1.2特混小隊的艦船從廣治省外海的砲擊戰列線中抽調出來，立即駛往東京灣與海上補給大隊會合，從油船和彈藥船那裡補充燃料和彈藥。「紐波特·紐斯」號從彈藥船「凱爾邁山」號（Mount Katmai，AE-16）上補充了超過1000發的8英寸砲彈，這也是該艦補充彈藥最多的一次。接著，各艦以25節的航速各自向北航行至海防西南70海里處的會合點。

查克·帕克當時是「羅文」號上一名年輕的三級電氣軍士長，他在一本名為《北方冒險之夜》的回憶錄中，對一九七二年八月二十七日那個夜晚這樣描述：

> 「此夜，我們向北挺進。下午三點左右，艦長羅本特·卡默上校通過艦內揚聲器通知我們，「羅文」號正在等待「紐波特·紐斯」號上第七艦隊司令詹姆斯·霍洛韋三世中將關於襲擊越南民主共和國海防港的命令。艦長的通知引發了官兵之間的一些議論、擔憂和閒話：這次行動對我們意味著什麼？不出兩小時，艦長通過艦內揚聲器再次

確認，「羅文」號與「紐波特・紐斯」號、「普羅維登斯」號和「羅賓遜「號在數小時後即將襲擊海防。儘管艦長的言辭顯示了對我們的能力的自信，表達了將我們安全帶回的決心，但我心裡還是感到一些害怕和不安。我清楚地記得當時瞬間產生的幾種心理感受和發生的幾件事情。我是站在右舷前半段露天甲板上聽到艦長通知的。「羅文」號轉向以25節的航速朝北航行，第三號和第四號鍋爐開始工作了。我想起一九四二年所羅門群島戰役中夜間混亂的海戰，驅逐艦損失很大，受傷的水兵在令人窒息的油煙和火焰中掙扎，棄艦逃命。「普雷斯頓」號、「蒙森」號、「基文」號、「巴頓」號和其他的「金屬罐頭」一樣，在這種夜戰中帶著死去和受困的艦員沉入海底。現在，「羅文」號正全速奔向同樣的戰鬥。我記得，我當時想，我必須控制住自己的情緒，因為我們這些老水手將會是新兵的慰藉和榜樣。我記得，對於此夜可能會死去的現實，我最終還是恢復了平靜。」

八月二十六日夜，「奧克拉荷馬城」號也離開了廣治省外海的砲擊戰列線，北駛與第77特混編隊的4艘航母會合。第七艦隊的航母打擊部隊正在執行「後衛I號」行動，對越南民主共和國進行全時的空中打擊。按照慣例，水面戰鬥艦艇在砲擊任務和護航任務之間進行輪換。長時間的砲擊使軍艦的砲管損耗嚴重，需要到船廠更換砲管中的膛線，這樣的情況也是對砲擊任務進行規畫的重要依據之一。

八月二十七日下午2時左右，我匆忙在「奧克拉荷馬城」號的後甲板登上一架直升機，飛往北面幾百海里處的「紐波特・紐斯」號。3時5分，我們在「紐波特・紐斯」號上著陸，直升機加完油後飛往「小鷹」號航母過夜。「紐波特・紐斯」號艦長沃爾特・F.查特曼上校不希望任何易毀並裝滿燃油的飛機在當夜停放在露天甲板上，他擔心的是巡洋艦上8英寸艦砲射擊產生的氣浪可能損毀直升機。

查特曼和我仔細地覈實了命令了，他向我簡短彙報了行動的方案。4艘戰艦各自駛抵會合點，在入夜前以任意航向各自進行機動，避免被海上活動的漁船發現企圖。下午8時，4艘戰艦將排成單縱隊，以「羅文」號為前導，以25節的航速航行，駛向70海里外的山島燈塔，這是海防港的入口。

山島燈塔在整個戰爭期間都正常工作，這是一件非常不同尋常的事情。顯然，這是為中國、蘇聯以及其他共產黨國家滿載軍火的輪船進入海防港導航。因為他們是中立國，所以他們的船只能避免被美軍轟炸，可以在空襲的間隙往海防港卸貨。一九七二年五月八日，海防港布雷行動開始，共產黨集團對海防港的運輸停止了，但是，燈塔仍然照常工作，閃爍著光芒。這樣就方便了我們艦載機飛行員進行航路檢查，也方便了第77.1.2特混小隊的行動。在通往海防港的航道上，艦船需要在淺水、暗沙和雷區之間小心運動。

在距岸10海里處，兩支特混分隊開始分航。「普羅維登斯」號和「羅賓遜」號駛向吉婆島西南附近的目標區，「羅文」號和「紐波特·紐斯」號則繼續向北東北航行，進入海防海峽，然後向東在5英尋（潯）[1]等深線外進入戰鬥航向。

「紐波特·紐斯」號作為主要打擊力量，分配有9個最重要的目標，包括：吉婆島機場的燃料庫和機庫、山島雷達站、海防港薩姆導彈陣地、吉婆島軍事補給設施、火控雷達和岸砲群。其中一些目標處於該艦8英寸艦砲的最大射程上，因此該艦需要盡可能地深入海防港，直到27英寸的吃水極限處。

「羅文」號的主要任務是掩護「紐波特·紐斯」號，但其5英寸艦砲也分配兩個打擊目標，都是岸防設施。我們希望軍艦靠近海防港時可以引誘越南民主共和國岸防雷達開機，從而為「羅文」號上的「百舌鳥」反輻射導彈提供目標。打擊目標是依據太平洋總部和參聯會的目標清單制訂的，但所有的軍艦都可以自由地對敵人的岸砲進行壓制。「紐波特·紐斯」號攜有285發8英寸口徑砲彈和191發5英寸口徑砲彈。當進入敵人海岸雷達的探測範圍之

---

①1英尋（潯）=1.852公尺。

後，軍艦的單縱隊可以自由變換航向和航速，避免暴露企圖，但要確保按指定的時間進入陣位。

4艘軍艦按時會合，沒有跡象表明行動被過往的漁船或商船發現。晚上10時，「紐波特・紐斯」號進入一級戰備，開始檢查艦砲和動力系統，並進行了臨戰演練。

我爬上艦橋，來到艦長身邊，但我向他保證我不會干涉他的指揮。我在「企業」號上當了五年的艦長，我明白當一名艦隊首長在你身邊胡亂發出指令時的難受滋味。總之，海軍的規定和傳統是，艦長在操艦期間，享有獨立指揮的權利，而不必顧及隨艦的高級將領。在第二次世界大戰期間，「本尼恩」號驅逐艦的艦長約書亞・庫珀上校將准將級的中隊指揮官請出了艦橋，當時這名准將試圖直接向值更軍官下達命令，而這名值更軍官恰巧就是我。准將只能立即離開艦橋。庫珀艦長日後也成長爲一名將官。

山島燈塔按設想出現在我們的視野中，依然在發出信號。當我們以26節航速向北急駛，占領陣位準備轉入戰鬥航向時，軍艦突然自動降速至25節。軍艦正在水深低於50英尺的海域航行，產生了海底效應。這提醒了我，再往北5海里就是一片密集的雷區，是我們的艦載機在4個月前布設的。現在擔心水雷脫纜發生移位的可能已爲時太晚，而我們先前卻被告之，這種情況發生的概率極小。

晚上十一點二十一分，「紐波特・紐斯」號以25節的航速轉至70度航向，9門8英寸主砲和左舷5英寸艦砲轉向目標。此刻，我們距山島燈塔西南約2.5海里，正處於戰鬥航向中。查特曼艦長下達了開火命令。

當我艦第一次齊射的砲彈炸響時，敵人的岸砲也開始還擊。敵人的火砲沒有經過消光處理，所以他們砲口發出的閃光可以清楚地被我們看到，這也爲我們艦砲的瞄準指示了目標。敵人的火砲數量多得驚人，它們發出的火光照耀了我艦左舷45度角遠處的整個地平線，砲彈落在我艦附近，但並不十分接近，不過，彈著點是可以被清楚地看到的。我們在巡洋艦的桅桿上派出了

觀察員，計算和報告敵人砲彈的落點。

晚上十一點半，我艦右轉至航向91度，在海岸南面1～2海里處與5英尋等深線平行航行。此刻，戰鬥已全面打響，所有的軍艦都參與了戰鬥。「普羅維登斯」號和「羅賓遜」號在我艦右舷後方，也開始了砲擊。「羅文」號在我艦前方，不停地使用5英寸艦砲對岸防目標進行急促射擊，並且對主動式岸砲瞄準雷達發射了2枚「百舌鳥」導彈。我艦的觀察員報告，有幾發砲彈落在了距離很近的地方，有一些彈片濺落到露天甲板上。於是，我們加速至30節。

戴上鋼盔，塞上耳塞，我走出駕駛室，來到了左舷翼橋。處在這樣一處開闊的位置，我更能感受周圍震撼的全景——強勁的風、火砲發射的熱浪、嗆人的火藥煙味，越南民主共和國的海岸被岸砲發射的火光和艦砲砲彈爆炸的閃爍淹沒了。

不過，真正吸引我注意的是射向1萬英尺空中的曳光彈拖拽的閃光，這是吉婆島、海防和河內的高砲群在對我們的海軍飛機開火。這些飛機有些正在對指定的目標進行空襲，有些是對越南東北部從中國通往河內的補給線進行武裝偵察。看到這樣的火力密度，很難想像這些飛機是如何穿越火線並且生存下來的。儘管地面火力如此兇猛，但對飛行員的夜間攻擊卻沒產生多大影響。敵人的高砲幾乎都是輕型的：0.5英寸口徑、20公厘口徑和37公厘口徑。這些武器射程不遠，並且都沒有雷達指示目標。敵人的高射砲兵根據飛機發動機的轟鳴聲和其他制導防空武器爆炸的位置進行瞄準射擊。

十一點三十三分，「紐波特‧紐斯」號突然停止射擊，只聽見揚聲器中傳來的「停火、停火」的命令。「獅穴」行動的對岸轟擊任務結束了。「羅文」號按計畫完成了射擊任務，並且在5分鐘前發射了「百舌鳥」導彈，現在開始脫離編隊，駛離目標區。「普羅維登斯」號和「羅賓遜」號也完成了任務，向南方撤離。

我走回裝有隔音空調的駕駛室。查特曼艦長向我彙報，「紐波特‧紐斯」

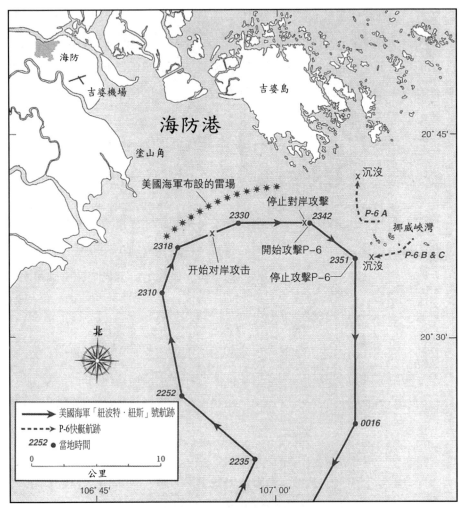

一九七二年八月二十七日「海防港之戰」。（作者繪製）

註：（Do Son）被顧譯作「山島燈塔」，不正確，應譯為「塗山」。特此更正。

號已完成了既定的任務，觀察到在吉婆機場和敵人彈藥庫方向發生了幾次誘爆。就在他彙報時，戴著大號鋼盔、罩有粗棉布作訓服的一名通信兵將電話遞到了他手邊，用十分清晰的聲音報告：「艦長，戰鬥情報中心報告，發現水面目標，編號「臭鼬A」，距離1萬碼，方位88度，正全速朝我艦駛來。」

沒有時間進行更多的判斷。艦長毫不猶豫地下達了一系列命令，面對突如其來的危險，艦橋內又在沉寂的氣氛中忙碌起來。「臭鼬A」目標被確認為威脅，所有艦砲朝其轉向。第77.1.2特混小隊得到了通知，「羅文」號轉向，開始重新加入編隊。

我看了一眼海圖桌上的海圖。方位88度距離1萬碼處發現的「臭鼬A」目標現在被夜視觀察設備確認為蘇制P-6高速攻擊艇，處在吉婆島南部一系列石灰岩小島中的萊德挪威島附近。這些島群是進行伏擊的非常有利的場所。岩石和山峰使得艦上的火控雷達很難瞄準這些小型目標。

艦長下達完口令後，時間卻顯得十分漫長，艦砲仍未開始射擊。槍砲長報告，目標舷角幾乎是零，8英寸艦砲的射擊電路因角度過小而自動切斷，因為不久前我們剛在艦首位置安裝了一部電子設備天線。軍艦右滿舵急轉，左舷所有的艦砲隨即以最大射速開火。

幾分鐘後，槍砲長報告，「臭鼬A」目標著火，正朝北逃逸。幾乎在同一時間，戰鬥情報中心報告，發現另外兩個「臭鼬」目標，特徵與「臭鼬A」目標相同，距離我艦正前方16000碼，正由左向右急駛。它們顯然在試圖切斷「紐波特·紐斯」號向南的退路。巡洋艦的砲塔開始轉動瞄向新的目標，但是仍不可以朝正前方射擊。最快的射擊方式是重新向左轉，但這會使我艦回到向東的航向上，從而使我們駛近萊德挪威島的淺灘，而不是向南退出戰鬥。

選擇的餘地很小，敵人的P-6艇正在穿越我艦的艦首，然後朝右旋轉。我艦只有立即向左轉向，才能使8英寸艦砲開始射擊。我艦開始大傾斜左轉，艦砲指向了右舷，右舷5英寸和3英寸艦砲首先開火。接著，我艦的火砲開始連續地急促射，21000噸的艦體又一次猛烈震動起來。

儘管遭到暴風雨般的火砲射擊，敵人的P-6艇依然朝我艦撲來。它們在眾多如艦艇般大小的石灰岩島嶼間曲折機動，使得我艦火控雷達難以辨別目標。使用光學瞄準又受限於夜色的黑暗和島嶼的陰影。不過，最糟糕的卻是

我們自己艦砲射擊造成的混亂場面。

「羅文」號重新加入編隊，它的射擊引起了一些混亂。「羅文」號5英寸艦砲發射了幾枚照明彈，但是在空中提前爆炸了。結果，照明的火焰在我艦與P-6艇之間的低空燃燒，反而使P-6艇更難被觀察到。

「羅文」號上的信號兵達拉‧帕金斯當時正在露天信號甲板的陣位上，他回憶說：

「我清楚地記得那夜在海防港發生的事情。上頭在戰鬥警報前很短的時間才將任務通知我們。我確信此次任務十分重要並且非常機密。同時，我也在想，他們一定是不想讓我們有過多的時間去猜想將要面對什麼。作為一名信號兵，我所處的位置在軍艦的最高處，所以對周圍的場景看得很清楚。我和另外三名信號兵負責操縱「紅眼睛」肩扛導彈。當我們看見發光的海岸和閃爍的浮標時，我們確信已接近目標，氣氛非常緊張。突然，整個海岸被岸砲發射的火光照亮了，飛舞的火球看上去彷彿所有的砲彈都在打向我們。越南民主共和國大砲沒有使用我們所使用的那種消光粉。我第一次看到22個岸砲連同時射擊，砲彈落在我們周圍，在水中激起了無數巨大的白色水柱，發出雷鳴般的聲響。有些砲彈在我們附近的空中爆炸。我記得有一發砲彈掠過『羅文』號後在空中爆炸，彈片飛到了艦舷通道上。我想，這發砲彈肯定給我們艦舷刻下了幾個結實的印子。太幸運了，沒有人被擊中。整個過程中，中隊的所有軍艦都向分配的目標發射砲彈和「百舌鳥」導彈。這就好像是我見過的最盛大的七月四日國慶節焰火晚會。『紐波特‧紐斯』號大約在我們左舷90度位置，以最大射速發射8英寸艦砲。突然電話裡傳來消息，發現2艘魚雷艇，我認為是蘇制『奧薩』級，大約80英尺長，正對我方實施攻擊。彈藥艙裡的夥計們一下子懵了，不知道該在揚彈機中裝填什麼彈藥。我們命中這些快艇的第一發

砲彈其實是一枚照明彈，從目標的體內穿過，第二發命中的砲彈才爆
炸。」

為了使目標「臭鼬B」和「臭鼬C」遭到連續的火力打擊，「紐波特‧紐
斯」號採取了向東和向南的航向，因此很快就要進入不便回轉的狹窄水域
了。當「普羅維登斯」號報告發現第四艘快艇時，我們明白，必須立即改變
這種不利的戰鬥態勢。

我對查特曼艦長說，我要請求戰術空中支援了。敵人高砲射擊的火光使
我想起，我們的航母就在附近。我們的飛機可能掛載照明彈和其他武器正在
執行對「六號包裹通道」（Route Package Six）的作戰任務。第77.1.2特混小
隊的指揮官可能還未想起飛機的存在及其用處，他們通常也不怎麼與飛機打
交道。可是我作為第七艦隊的司令，每日都可以從全局上瞭解整個艦隊的作
戰活動。

我將掛在海圖室艙壁上的特高頻電臺的話筒摘下，按下電源開關，選定
頻道。現在，20海里範圍內的所有海軍部隊都可以聽見我用明語進行的通話
了：「海防附近所有第七艦隊的飛機注意，這是『黑鬍子』（第七艦隊司令
的個人呼號）在『紐波特‧紐斯』號上講話。我們正在執行對海防港的轟擊
任務，我們遭遇了敵人的水面艦艇，我們需要看清戰場態勢。附近的任何飛
機給我回話，我們需要高亮度照明彈。完畢。」

立刻傳來了清晰的回話：「『黑鬍子』，這是『烏鴉44』，1批2架『海
盜』（A-7攻擊機），正對『六號包裹通道』進行武裝偵察任務（在河內以
北），我們帶有照明彈和『岩石眼』集束炸彈。我能看見下面的射擊。我剛
才還在想發生了什麼？我在你們的上空，準備提供支援。」

我守在電臺邊，以便所有在附近的友軍都可以瞭解此時的戰場情況，同
時也可以防止聯絡中斷。我命令「烏鴉44」的長機投放照明彈，然後報告所
見到的情況，並且等候進一步地命令。

不到30秒，整個海防港航道和萊德挪威島水域突然都被炫目的100萬支燭光亮度的照明彈照亮了。「烏鴉44」報告，發現「紐波特・紐斯」號和1艘護航的驅逐艦，另外還有「普羅維登斯」號巡洋艦和東邊的1艘驅逐艦。他還發現了從萊德挪威島方向接近「紐波特・紐斯」號的2艘越南民主共和國快艇。在得到不要飛得過低以免被友軍砲火誤傷的警告後，「烏鴉44」按照指示開始用「岩石眼」攻擊敵人的水面目標。「岩石眼」能對大片的矩形地帶進行轟炸。

「紐波特・紐斯」號的艦砲以最大射速進行射擊。現在可以清楚地看清周圍目標的情況了。當一架「海盜」飛機投下照明彈時，另外一架就使用「岩石眼」進行打擊。對於「岩石眼」來說，任何艦船都逃不過其打擊，甚至對於一艘高速運動的快艇也是如此，一次投彈就可以使P-6艇大小的目標嚴重毀傷。照明彈連續投下，「岩石眼」和艦砲先幹掉了3艘快艇，不過，最後也是最接近我艦的1艘快艇直到在距我艦3000碼的距離才被擊毀。

十一點四十二分，「紐波特・紐斯」號和號「羅文」號停止了射擊，現在已沒有什麼可以打的了，戰鬥結束了。戰鬥非常激烈，在17分鐘的戰鬥中，兩艘軍艦對P-6艇發射了294發主砲砲彈。「臭鼬B」、「臭鼬C」和「臭鼬D」被擊沉，「臭鼬A」在被命中起火後向北逃竄，想必也被「海盜」飛機幹掉了。當最後一枚照明彈熄滅後，大海又恢復了黑暗。「紐波特・紐斯」號距萊德挪威島西南只有3海里了，於是立即轉向朝南，加速至30節，脫離目標區，航返美軍基地。

「海盜」攻擊機來自第93攻擊機中隊(VA-93)，威廉姆・W.皮克阿文斯是長機飛行員，帕特・蒙尼中尉是僚機飛行員（兩名飛行員現在都以將軍銜退出現役）。「臭鼬A」被擊沉後，他們獲准返回「中途島」號航母(CVA-41)。由於在打擊快艇的行動中消耗了所有的照明彈和「岩石眼」炸彈，他們中斷了對「六號包裹通道」的武裝偵察任務。對於他們而言，海防港的戰鬥要刺激和有用得多。

　　第77.1.2特混小隊事後提交給太平洋總部和參聯會的作戰報告稱得上專業和客觀：「所有預定的目標都遭到了分配的火力打擊，此外還發現了3個次要目標。『百舌鳥』導彈攻擊了敵人開機的雷達，但效果不甚明顯。對敵人岸砲的壓制較爲成功，不過敵人的火力還是相當兇猛。『紐波特・紐斯』號稱，有75發砲彈落在了附近；『羅文』號稱有50發砲彈落在了周圍20碼的範圍內，有些還越過了該艦；『羅賓遜』號稱有140發砲彈落在了附近，最近的1發只距左舷15碼；『普羅維登斯』號報告的則有60發。」第77.1.2特混小隊指揮官簡潔地報告：「當我艦撤離時，遭遇敵人幾艘快艇。『紐波特・紐斯』號和『羅文』號的射擊使敵快艇起火並將其驅散。飛機攻擊了剩餘的快艇，很可能將它們擊沉了。」

　　我們此次行動的效果如何？不可能對艦砲的打擊效果進行圖片判讀。只有三次誘爆被觀察到。不過，有710發5英寸、6英寸和8英寸的高爆砲彈射入了軍事和後勤設施密集的地區。17分鐘的砲擊，肯定對越南民主共和國的心理和物質造成了嚴重打擊。我方沒有傷亡，只有兩艘軍艦的露天甲板被彈片劃過。《紐約時報》將「獅穴」行動描述爲：「對嚴密設防的敵國領土進行大膽的襲擊……敵人又一次領教了艦隊的機動能力。」

　　第二天早晨，我的專用直升機降落在「紐波特・紐斯」號上，把我接回了「小鷹」號航母，整個飛行時間有1小時。隨後，第77.1.2特混小隊解散，「紐波特・紐斯」號、「羅文」號、「普羅維登斯」號和「羅賓遜」號向南航行與東京灣中的海上補給大隊彈藥船會合，補充彈藥。在此次33分鐘的戰鬥中，僅「紐波特・紐斯」號單艦就消耗了433發8英寸砲彈、556發5英尺砲彈和33發3英寸砲彈。

第6章

越南：停火和巴黎協定

美國海軍對越南民主共和國航道和港口的布雷，嚴重削弱了越南民主共和國進行戰爭的能力，打擊了越南民主共和國的民心士氣。一九七二年五月八日，在「零花錢」行動中，從「珊瑚海」號航母上起飛的3架A-6和7架A-7攻擊機，在越南民主共和國最大的港口海防港投下了36枚1000磅的MK-52磁引性水雷。整個布雷行動涉及面很廣，海軍艦載機還對越南民主共和國的其他6個港口布放了MK-36「破壞者」和MK-52水雷。MK-36「破壞者」由1枚500磅重航空炸彈改裝而成，通過特別的磁引信起爆。海軍艦載機還在越南民主共和國最繁忙的近岸航線上布雷。這些水雷在投放24小時後開始有效。通往海防港的航道上有雷區存在，無論它的精確位置在哪裡，對於外國商船而言都是一個明顯的警告，提醒他們慎重考慮進出海防港。尼克松總統宣布，布雷會持續進行，直到美軍戰俘獲釋為止。

從軍事上看，布雷和空中遮斷戰役切斷了越南民主共和國從中國和蘇聯獲得的大部分經濟和軍事援助，嚴重削弱了越南民主共和國持續進入越南共和國的能力。戰術飛機，包括航母艦載機，實施的空中遮斷，使越南民主共和國的陸上進口量從每月160000噸降至每月30000噸。對越南民主共和國港口的布雷，使越南民主共和國的海上進口量從每月250000噸降至每月幾乎為零。因為無法補充在南方的戰損，越南民主共和國的攻勢自奪取廣治城後就開始減弱了。

參聯會主席根據美國海軍水雷戰部隊司令的建議，決定只在越南民主共

和國布放一種類型的水雷：磁引信水雷。這是爲了在戰後便於清掃。《一九〇七年海牙公約》規定，交戰國在戰後要清除戰時布置的雷區。「終結清掃」行動，從字面上就能理解是一次在戰後的掃雷行動。該行動在巴黎和談達成協議前就已經規畫了。當美國情報部門稱，海防港的布雷已對越南民主共和國產生了嚴重後果並極大地削弱了越南民主共和國的戰爭能力時，亨利・季辛吉領導的談判小組就建議以清除水雷爲籌碼，換取越南民主共和國釋放美軍戰俘。

「後衛」II行動

　　爲了使河內領導層明白，結束東南亞戰爭對其而言是最佳選擇，尼克松總統決定動用軍事力量，執行「後衛」II行動。這是第一次無限制地對河內和海防地區的工業和軍事目標進行猛烈空襲。戰略空軍司令部載滿炸彈的B-52轟炸機是主要打擊力量；空軍和海軍戰鬥機對其提供掩護，防止米格戰機的襲擊；從第七艦隊航母以及泰國空軍基地起飛的戰術飛機對敵人高砲火力進行壓制，並提供電子戰支援。

　　一九七二年十二月十八日，被世人稱爲「聖誕轟炸」的空襲開始了，不分白晝和黑夜地持續了12天。這次，越南民主共和國建議立即停火，同意進行停戰談判。美國對越南民主共和國取得了無代價的勝利。15架參戰的B-52轟炸機無一被敵人擊落。當時，戰略空軍司令部的B-52轟炸機部隊實際上已不能再承受轟炸機的損失了。第七艦隊大量參與了「後衛」II行動和「聖誕轟炸」，主要兵力爲第77特混編隊的航母艦載機。在十八日那天，已有7艘航母部署在西太平洋地區。在「奧克拉荷馬城」號的司令艦橋上，我有幸看到第77特混編隊的6艘航母以單橫隊轉向頂風運動，當它們放出飛機開始襲擊河內時，整個編隊好像橫跨了東京灣。

　　一九七三年一月，談判代表在巴黎開會，簽署了巴黎協定。表面看來，

協定使各方都在較爲滿意的條件下實現了停火：對越南而言，戰鬥停止了；對美國而言，戰場上的部隊可以回家了；對在越南民主共和國牢獄中的美軍戰俘而言，可以被遣返了；美國在海防布下的水雷將被清掃，港口很快就要通航。清掃海防及其他越南民主共和國航道水雷的任務落在了第七艦隊身上。因此，一九七二年十一月二十四日，第七艦隊水雷戰部隊被動員起來，編爲第78特混編隊。一九七三年一月二十八日，根據巴黎協定，停火在越南民主共和國和越南共和國同時生效。

「終結清掃」行動

裝備有CH-53M「海上種馬」直升機的第一水雷戰飛行中隊，很快就由諾福克海軍基地部署至東京灣。該中隊兩年前在諾福克海航站組建，我那時正好是美國大西洋艦隊副司令，所以我對這些直升機的掃雷技戰術較爲熟悉。

CH-53M直升機是美軍最大的直升機，掃雷時飛行高度在300～600英尺，拖曳一個在水上滑行的掃雷具。這個掃雷具安裝有一臺大功率發電機，向其後拖曳的一條外號爲「尾巴」的電線發出電磁脈衝，這條電線是直接插入水中的。電磁脈衝可以引爆磁引信的水雷，這些水雷則是由第77特混編隊的飛機在海防港附近布放的。發電機所用的燃料由直升機油箱供應，輸油軟管附在直升機拖曳掃雷具的繩索上。完成一次反水雷作業後，作業時間通常是由燃料供應情況決定的，直升機就會返降在一艘船塢登陸艦上，降落前要把拖曳繩索拋入大海。附近的一艘小艇會把掃雷具和拖曳裝置打撈上來，駛入船塢，然後進行檢查，爲下次任務再使用做好準備。同時，直升機會重新加油，掛上掃雷具拖曳繩索，然後起飛執行下一次清掃任務。

直升機從維吉尼亞州諾福克海航站用C-5運輸機送來，每架運輸機能運兩架直升機，在運輸過程中，直升機的旋翼和旋翼轂是被拆卸下來的。「海上種馬」直升機被運到菲律賓蘇比克灣，卸在「酷比點」海航站，然後重新組裝旋

翼，經過機械檢查後，再飛往直升機母艦「仁川」號。當水雷戰中隊所有的裝備都運上直升機母艦後，水雷戰部隊就駛離蘇比克灣，前往海防以東海域與第七艦隊旗艦會合。

一九七二年九月，當美國大西洋艦隊水雷戰部隊司令以第七艦隊水雷戰部隊，也就是第78特混編隊司令的身分向我報告時，「終結清掃」行動的準備工作正式開始了。第78特混編隊的骨幹成員包括全海軍最知名的水雷戰專家，其中就有菲利克斯・S.維克欽納上校。他熟知水雷技術的發展和戰術運用，在專業領域幾乎無人可以匹敵。

一九七二年十一月，第78特混編隊正式開始擔負作戰任務。在一九七三年一月二十三日「旨在停止戰爭，重建越南和平」的巴黎協定簽署前，第78特混編隊有充足的時間進行準備和部署。根據協定，遣返戰俘（代號「回家」行動）的準備工作也開始了，清掃海防港水雷的計畫則在一個月內啓動，在越南民主共和國和越南共和國上空的作戰行動也終止了。

停火協定簽署後的第二天，第78特混編隊的主力從蘇比克灣部署到了海防地區，主要兵力包括：4艘遠洋掃雷艇、「仁川」號直升機母艦、4艘兩棲艦船（2艘有船塢處理CH-53M直升機拖曳的掃雷具）。在執行「終結清掃」行動的6個月當中，第78特混編隊的10艘遠洋掃雷艇、9艘兩棲艦船、6艘艦隊拖船、3艘打撈船和9艘驅逐艦在海防港附近活動。

二月初，水雷戰部隊人員登上了第七艦隊旗艦「奧克拉荷馬城」號參加會議，討論行動最後階段的相關問題。儘管第78特混編隊組織妥當，裝備完好地來到了東京灣，但仍需要獲得後勤支援，特別是提供水雷戰裝備的零配件。第78特混編隊司令建議，為其部隊輸送的所有物質都應標以「A＋」等級，也就是說要以最快的速度運輸。這個建議被否決了，這也是第78特混編隊唯一被否決的建議。我的後勤顧問是查爾斯・T.克里克曼中校，他曾是我當「企業」號航母艦長時的軍需官。他處理後勤事務的基本原則是，根據實際需要確定資源配置的順序，而不向任何人承諾優先確保。他認為，這是使

海軍供應系統最高效運轉的唯一途徑。他解釋，如果第78特混編隊所有的東西都要優先供應的話，那麼他們所需的刮鬍鬚用的剃鬍液就會與維修直升機急需的零件一樣，以最快的速度輸送。因為向海上部隊輸送的所有物資都要占用飛機上有限的空間並要經過特殊處理，而在運輸過程中不可能去辨別貨物是剃鬍液還是直升機零件，所以第78特混編隊最終收到的也許就是無足輕重的東西。在一九七〇年，我的確發現過類似的事情。當時正值敘利亞和約旦發生衝突，第六艦隊司令堅持向第六艦隊供應的所有物資都擁有最優先的輸送等級。我當時任第60特混編隊司令，我表示了反對，因為我需要保證艦載機能飛，需要保證艦載雷達一直工作。但是，艾克·基德中將堅持他的想法。他認為，作為一名經驗豐富的指揮官，他更知道如何優化整個作戰系統的運作。結果是，我們得到了大量並不急需的東西，供應鏈也因此阻塞。在韓國的飛行中隊裡，以及在東京灣的「企業」號上，我卻看到了根據軍需官的專業原則和程序順利開展的後勤活動。我們在「終結清掃」行動中沒有遇上麻煩，也多虧了後勤供應量的「減少」。

我們的計畫是，先使用第12水雷戰直升機中隊的CH-53M掃雷直升機進行初步清掃，另有2個海軍陸戰隊CH-53直升機中隊提供支援。這些大型直升機從兩棲攻擊艦「新奧爾良」號（LPH-11）以及「仁川」號（LPH-12）上起飛，第78特混編隊的旗艦也輪流由這兩艘軍艦擔任。整個特混編隊共有31架CH-53M「海上種馬」直升機。第78特混編隊的行動區域分散，在距越南南北分界線以北150多海裡通往海防的航道上，因此，我認為在其附近部署攻擊型航母特混編隊提供掩護十分必要。在「終結清掃」行動期間，航母「珊瑚海」號、「企業」號、「奧里斯坎尼」號以及「突擊隊員」號都在附近提供全時不間斷的掩護，防止越南民主共和國可能的敵對行動。

行動中，掃雷艇或飛機需要非常精確的導航系統予以支持，來確定雷區的完整範圍，並確保清掃不留間隙。同時，也需要避免在原先已清掃過的區域重複進行作業。鑑此，海軍訂購了一個民用的無線電導航系統。該系統要

在海岸明顯的地標處安放一系列的電子信標，其信號指示的狹小區域能滿足掃雷精度的需求。不過，這就意味著要在海防港附近越南民主共和國的地盤上安裝信號裝置，因此我們不得不向越南民主共和國進行解釋，以使他們准許美國技術人員進入越南民主共和國領土安裝。我派第78特混編隊人員前往河內商討這個問題。第78特混編隊的參謀很快就與越南民主共和國軍隊的泰上校達成了協議。

大約在二月中旬，4艘遠洋掃雷艇開始在通往海防港的航道上進行掃雷作業，以便支援直升機掃雷行動的艦船能安全活動。一九七三年二月二十七日，第78特混編隊的直升機從「新奧爾良」號和「仁川」號兩棲攻擊艦上起飛，首次開始執行「終結清掃」行動。行動都是在晝間開展，十分順利，導航系統也運行良好，地方的技術人員有時會上岸對信標進行檢測。直升機的掃雷具和相關設備損耗嚴重，需要經常進行維護保養。此次行動，是第一次在真實的戰術環境中進行空中掃雷作業，作業區域超出前線150海里，任務的順利開展足以證明第78特混編隊官兵的可靠和盡職。

在整個掃雷作業過程中，只有一枚MK-52水雷被引爆，其餘的水雷都根據預先的設定在有效期過後自動失效了。掃雷行動在二月底就結束了。為了檢查航道是否安全，第78特混編隊派出了一艘戰車登陸艦作為測試艦。該艦的所有活動裝置和不必要的設備都被拆除，設備間隙處塞滿了塑料泡沫。一個特製的防震桌也被安裝起來，用以指揮操舵和導航。艦員是40名志願者。儘管觸雷爆炸的危險極小，我們還是對艦員採取了一切必要的防護措施，因為有水雷發生漂移的可能，另外越南民主共和國自己也可能布放過水雷。測試艦「沃卡莫郡」號在航道上通行了8次，沒有碰上任何水雷。於是，我就向上級報告，掃雷行動結束。現在回想起來，這真是一項卓有成效的工作。

先前，國務卿季辛吉曾向越南民主共和國和談代表承諾，美國海軍能在30天內清除海防港的水雷。他說這些話時，是沒有得到任何專業上的指導和建議的。季辛吉怎麼能如此準確地預知我們掃雷行動所需的時間，這真是一

個令人費解的問題。的確是到了第30天，第78特混編隊才報告，已完成了任務。

一九七三年七月十八日，當越南民主共和國被告知海防港和錦普港已不受美軍布放的水雷威脅後，第78特混編隊開始返航，「終結清掃」行動正式結束。在行動過程中，旗艦「奧克拉荷馬城」號除了暫時返回橫須賀進行一次5天的維修外，一直都呆在東京灣。

和平巡航

二月，「奧克拉荷馬城」號對中國臺灣的高雄進行了一次為期3天的友好訪問，「奧克拉荷馬城」號還訪問了日本佐世保3天。在一九七三年一月二十二日，這艘旗艦開始了對香港為期6天的訪問。名為友好訪問，其實是為了艦員和隨艦航行的參謀們進行休整。我與英國駐香港總督進行了互訪，在我們會面時，總督問我，在我擔任第七艦隊司令之前，是否在第七艦隊服過役？我告訴他，我曾在第七艦隊所屬的艦船上幹過7次，最早的一次還是第二次世界大戰期間，那時我是一艘驅逐艦的槍砲長。總督接著問我，那時我是否曾想過，會成為第七艦隊的司令。我的回答是，那時我都不知道我是否可以提升為上尉。在那段時間裡，我與太平洋地區很多國家的地方領導、政府首腦關係良好，相處也非常愉快。訪問期間，除熱烈的歡迎和周道的接待外，我沒有碰見過其他任何事情。隨著戰爭的結束和「終結清掃」行動的順利完成，第七艦隊的主要精力集中在與太平洋地區盟國一道進行的聯合演訓上，如反潛、防空等。我們在東京灣作戰期間，這些演訓曾一度遭到忽視。

當針對河內的被稱為「聖誕轟炸」的「後衛」II行動結束後，美國似乎可以在無損榮譽的條件下從東南亞戰場脫身。現在，越南共和國的防禦是越南共和國自己的事情了。美國給出了保證，越南共和國軍隊能得到精良的裝備和充足的供應。美軍的基地、後勤設施和通信網絡，連同戰車、大砲、飛機一道轉

交給了越南共和國軍隊。

儘管如此，美國並沒有兌現協助越南共和國為建國和進行防衛而增強實力的承諾，甚至在「水門事件」發生之後，對越南共和國的軍事援助幾乎都被遺忘了。

一九七五年初，一支裝備有中國和蘇聯武器的越南民主共和國精銳部隊又一次跨越停火線，進入南部，全然不顧兩年前他們代表在巴黎簽署的協定。他們與一九七二年後潛伏在南部的數千名共產黨武裝人員建立了聯繫，並得到了駐紮在老撾的越南正規軍的支援。越南共和國軍隊被打得暈頭轉向，一潰千里。一九七五年四月，越南民主共和國軍隊勝利開進西貢。漫長的戰爭結束了。所有的越南人都被置於河內的共產黨政權統治之下。

越南共和國的陷落

美國在一九七三年贏得了戰爭並達成和平協定後，越南共和國又在一九七五年輸掉了戰爭，這似乎在邏輯上講得通。但是，很明顯，我們達成的停火協定對於消除戰爭是遠遠不夠的，我們隨後對越南共和國提供的軍事和財政支持也是不夠充分的，這使得越南共和國很難保持應有的自衛水平。我們先前的盟友就這樣被裝備有先進裝備的越南民主共和國精銳部隊占領和推翻了。從美國國內因素上看，一九七三年達成停火協定時，被戰爭搞得疲倦的美國通過了一項名為《戰爭授權法》的法案，這使總統難以再將部隊投入到戰火中的東南亞地區。一九七五年，當越南民主共和國部隊向西貢推進時，福特總統卻向公眾宣布，美國無法向正在走向失敗的越南共和國提供援助。

對於美國軍方而言，參聯會主席和戰區指揮官們沒有努力推動政府做出採取大膽而決定性軍事行動的決定，如切斷越南民主共和國經老撾的補給線等。他們總是要求得到比「大砲加黃油」政策規定多得多的財政預算，來更好地裝

備和訓練在東南亞的部隊。

儘管面臨國內民眾的冷漠，缺乏民心士氣的支持，我們在前線作戰的部隊依然英勇頑強，意志堅定。在整個戰爭期間，軍事行動大多是勝利的，戰鬥總是激烈的。在入侵老撾，摧毀越南民主共和國後勤補給設施的戰役中，有超過100架的美國陸軍直升機被擊落，幾乎有與之相同數量的美國陸軍飛行員犧牲。這些傷亡還不包括被投入又被撤出的空降部隊。

空軍、海軍陸戰隊和海軍的戰術飛行中隊為地面部隊提供了必要的空中支援，他們也是唯一在越南民主共和國境內執行戰鬥任務的美國部隊。當美國地面部隊在一九七二年夏脫離戰鬥後，美軍在越南的軍事行動完全變成了一種空中作戰。其中，進入越南民主共和國領空執行任務的有一半是海軍飛機。在戰爭中，有538架航母艦載機被擊落，包括385架A-4攻擊機。大多數情況下，飛行員沒有獲救。在戰爭中損失的聯隊司令和中隊正副指揮官共有67名，他們都直接指揮和參與了作戰行動。所有戰損加起來相當於40個艦載機中隊。

對於參戰的部隊而言，越南戰爭催生了一種「約束性交戰原則」。這些限制性的交戰原則是為了在襲擊軍事目標的同時，盡量避免對平民的附帶損傷。但這樣做卻重複暴露了打擊部隊進入和撤離目標區的路徑，降低了打擊的突然性，並使得敵人可以在美軍打擊部隊進入和退出的航線上部署地空導彈和米格-21戰鬥機。這樣做的目的是為了向世界宣示，美國在打擊軍事目標的同時，也在盡量減少平民的傷亡和民用設施的損毀。在實施「滾雷」行動期間，林登·B.約翰遜總統甚至每天都親自從參聯會合太平洋總部列出的目標清單中為第二天的空襲挑選打擊對象。

長期形成的觀點

以下是我的一些個人觀點，這些觀點是我從冷戰期間在首腦機關工作並與

眾多決策者共事的經驗，以及日後專研歷史的興趣愛好和學習研究中得出的。我的觀點也許會被認為過於樂觀，但這絕不是一種膚淺的自我感覺良好，而是建立在長期的認真反思思考研究之上的。在整個二十世紀五六十年代，美國都奉行一種對共產黨集團的遏制戰略，先是蘇聯，後來是中國。守住韓國和越南，對於關乎國家存亡的長期鬥爭而言，極為重要。

一九七五年，我們背過身去，任憑越南共和國、老撾和柬埔寨陷落。時代發生了變化，使得能否堅守越南不再重要。多年以來，越南民主共和國在蘇聯和中國之間周旋，兩者都要爭當第三世界「人民解放」運動的領導者。有趣的是，蘇聯花大力氣取得的與美國的核均勢，卻成為威脅中國的利器。認識到自己的生存受到了威脅，中國開始尋求改變對美國的政策。尼克松總統訪華是重大的外交事件，河內當局認識到，站隊要發生變化了。對於中國作為盟友可靠性的存疑，使得河內發動了復活節攻勢，以便在對己有利的條件下結束戰爭。幸運的是，尼克松暫時頂住了攻勢，進行了反擊，並且取勝了。

突然面對美中重新接近的現實，蘇聯發現自己的全球戰略態勢受到了削弱。尼克松和季辛吉利用中國，蘇聯被包圍了。一九七二年五月八日，美國在越南民主共和國港口布雷時，河內本以為能得到蘇聯的支持，但他們驚訝地發現，蘇聯只是象徵性地提出了抗議，卻又迫不及待地邀請尼克松訪問莫斯科。在軍事方面，河內一方面要經受美國第七艦隊和美國空軍強大的壓力，另一方面又要面對突然失去中俄盟友長期援助的可能。

二十世紀七〇年代，美國綜合運用緩和和遏制兩種戰略，使得越南共和國前線對於遏制蘇聯不再重要，現在這條遏制線已北移1000英里推進到了蒙古的邊境。環境發生了變化，世界力量的平衡又開始對我們有利了。

返回華盛頓

一九七三年春，我從華盛頓的朋友來信中得到消息，我可能很快就要被調離第七艦隊，晉升為四星上將，任太平洋艦隊總司令。對我而言，這當然是個好消息。如果某人調離第七艦隊，夏威夷真是個好去處，在那裡可以指揮太平洋上的所有海軍部隊。

但是，當我看到海軍作戰部部長通過電臺給我個人傳來的特別專送電報時，我還是感到有些吃驚。特別專送電報意味著閱讀範圍只限我一人。在這封電報裡，朱姆沃爾特上將稱，他要將「吉米」調回華盛頓出任其副手，並且暗示想讓我在他一九七四年退休後接任海軍作戰部部長。這當然是好事，一定程度上也彌補了我因沒有在第七艦隊干滿兩年而感到的遺憾。

第7章
海軍作戰部部長

　　當我被請進總統辦公室時，我看見尼克松總統正坐在那張著名的桌子後面。桌上沒有擺放任何文件，看起來他是在專門等我。尼克松站起身來，走到桌子前面。陪我進來的是海軍部部長約翰‧華納，他簡單地介紹到：「這是霍洛韋上將。」總統親切地讓我坐下，拖了把椅子到我身邊，招呼約翰‧華納靠過來。總統打開了話題，他先是詢問我在美國海軍學院上學時的課程情況，然後談及了我在第二次世界大戰中的經歷，還有最近在越南的體會。談話進行了大約5分鐘，總統問及了我的工作和家庭，並且很認真地聽取了我的回答。突然，他站起身來對我說：「將軍，我相信你能幹好海軍作戰部部長一職，你已經做了非常棒的自我介紹。」他拉著我的胳膊，一起走向門口，中間停了一會兒，攝影師連忙上前給我們三人照了一張合影。當我們來到總統辦公室門口時，總統又停了下來，轉過身面對我說：「將軍，重塑海軍的紀律吧！我是一名老海軍，對我服役的經歷感到自豪，但我對當前在海軍發生的一些事情並不滿意。」他邊說邊和我握手。隨後，我們被一名海軍陸戰隊侍從官帶出了總統辦公室。

　　總統認為我適合擔任海軍作戰部部長，這也是我聽到的第一個關於我可能接替朱姆沃爾特上將出任海軍作戰部部長的提示。那天早上，華納部長來找我時，我還在我的海軍作戰部副部長辦公室裡工作呢。「拿上帽子，」他喊道，「我們要到河那邊去。在大廳入口等我。」當我上車時，華納部長已在車

上了，我們一同前往白宮。路上，我在想，總統可能只是想認識一下我。在總統、海軍部部長和國防部部長認真研究我之前，我還真沒有想到要接任海軍作戰部部長。回來時，華納部長顯得心情愉快，我猜想，他是希望我出任海軍作戰部部長的。

我們上了華納的專車，他讓司機開到大都會俱樂部去，那可是華盛頓權貴聚集的主要場所啊。我們步入餐廳，約翰·華納對我說：「我想這就算是一個慶祝吧！這裡有最好的鯡魚和魚子醬。」這還是我第一次來到這個豪華而尊貴的場所，印象極其深刻。約翰·華納在此招待我真是殷勤周到，我真是有些受寵若驚，更沒想到在一五年後我會成為大都會俱樂部的董事長。

海軍作戰部副部長

巴德·朱姆沃爾特上將把我從第七艦隊司令的任上召回到華盛頓，出任其副手，並提升我為四星上將。朱姆沃爾特是我在海軍學院的同學，我們在海軍戰爭學院1962級班時是同學。我們彼此很瞭解，也是好朋友。在他出任海軍作戰部部長的頭三年時間裡，我們依然維持著這種關係。一九七三年七月，我抵達華盛頓出任海軍作戰部副部長時，巴德和其夫人茉扎對我和戴布尼的到來表示歡迎。巴德認真地向我介紹了國防部和華盛頓當局的情況，讓我對今後常要打交道的人有一個瞭解。

對我而言，角色和職責是清楚的。我是海軍作戰部部長的助手，不可自行其是，我的任務是確保他的政策得以貫徹落實，我的角色就好像是指揮官的執行員。海軍作戰部部長也會就海軍政策和管理方面的問題與我協商，讓我抒發自己的意見和建議。我會非常坦誠地提出我的看法，當然這一般是在私下場合。當海軍作戰部部長做出決定時，我總是接受並將其視為自己的決定，然後盡全力將其實現。這些對我來說並不難，海軍的傳統一貫如此，我這樣的經歷很多，無論作為領導還是下屬。

　　結果，我們幾乎沒有什麼分歧。在巴德的頭三年任期中，他做出的較有爭議的決定都集中在Z項目和海軍指揮關係方面，大多是關於體制或編製的問題。

　　一九七三年主要的兩件大事涉及核動力航母「尼米茲」號和F-14戰鬥機。作為一名飛行員，我對這兩個項目很感興趣，巴德‧朱姆沃爾特對此也表示了堅定的支持。這兩個項目是他從前任湯姆‧摩爾上將那裡接手的，因此這兩個項目並非他首倡，但他對這兩種武器的性能大加讚賞並清楚地認識到未來它們在提高海軍作戰效能方面可發揮的關鍵作用。朱姆沃爾特上將在處理公關關係方面並非乏術，他對獲得國防部和國會的支持總是親力親為。一九七二年，我在維吉尼亞州的諾福克任大西洋艦隊副司令時，朱姆沃爾特有三次派直升機到大西洋總部來找我，把我接到華盛頓吃午餐，為他下午要作的彙報出主意。他要利用這些場合說服難纏的國會議員、助理國防部部長以及系統分析專家。一九七〇年，巴德出任海軍作戰部部長時，我是核動力航母項目的協調人，自那以後，巴德就將我視為海軍核動力航母和空中作戰方面的專家了。

　　此前，在前任海軍作戰部部長湯姆‧摩爾的領導下，作為打擊作戰辦公室主任，我啟動了通用航母概念（CV Concept）。這個概念堅持航母艦載機聯隊的多用途功能，以此來滿足航母部署的作戰需求，而不再按專業將航母區分成反潛航母和攻擊航母。朱姆沃爾特在其專著《值更》中，對通用航母概念表達了濃厚的興趣。他還命令正在百慕達附近航行的一艘航母將艦載機聯隊中的攻擊機大隊替換為反潛機大隊。

　　朱姆沃爾特只有一個想法使我感到為難。在我就任海軍作戰部副部長之前，朱姆沃爾特曾問過空軍參謀長瑞恩上將，是否願意讓空軍飛機上艦活動。當巴德將這個情況告訴我時，他還厭惡地表示，瑞恩從來就沒有正式回過話。朱姆沃爾特給了空軍兩個簡單的選擇：要麼把空軍的飛機進行改裝以便它們能在航母上活動，要麼就在空軍中隊裡裝備海軍艦載機。但是，軍種間的融合要

發展到什麼程度呢？是單獨的一支空軍飛行中隊上艦呢，還是用整個空軍戰術飛行聯隊代替航母艦載機聯隊？我對此感到十分苦惱。對我而言，這就好像是向用空軍取代海軍航空兵邁出了第一步。

這種搭配也有過先例。第一次世界大戰後，英國海軍航空兵與陸軍航空隊合併，成立了一個新的軍種，那就是空軍。英國空軍的飛行員配屬在海軍航空分隊裡，這樣英國空軍就控制了海軍的所有飛行中隊。這樣的搭配效率並不高，到了一九三七年，艦隊航空兵在英國海軍部的領導下成立了，航母艦載機的飛行員又成為了海軍的人。

巴德對此的解釋是，先前美國海軍陸戰隊的固定翼飛機中隊也被配屬在航母上。但是，空軍的情況是完全不同的，會引發一系列的新問題。陸戰隊的飛行員接受的是海軍飛行訓練，並且被委任為海軍飛行員。大部分陸戰隊的固定翼飛機是海軍的艦載機，如F-4戰鬥機和A-6攻擊機。巴德問我對他的意見有什麼想法。我回答道，這樣做可能使空軍重新尋求對美軍所有航空資產的控制權，並將海軍航空兵作為空軍的一個特殊機構，地位就如戰略空軍司令部一樣。最終，瑞恩上將沒有答覆朱姆沃爾特，於是此事就悄無聲息地終止了。

與巴德共事的日子非常愉快。他多次提到，副部長分擔了他的很多工作，讓他能有空稍作休息，充分享受管理海軍的最後時光。擔任巴德・朱姆沃爾特的副手令人愉快。首先，我們的專長能相互補充。他在行管、人事、軍政事務和系統分析方面經驗豐富。我則主要擅長於艦隊作戰、航空兵與核動力。我們都曾在國防部任過職，對那裡也較為熟悉。鑑於我們在海軍戰爭學院學習過程中形成的密切關係以及一九六七～一九六八年間在國防部的共事經歷，我對巴德的行事風格較為熟悉。巴德對讚美之詞從不吝嗇，這對於像海軍作戰部副部長這樣大部分時間從事文案工作的人來說，很能激發工作熱情。我仍保留著他給我的一張手寫便條：「發往09（海軍作戰部副部長），僅09閱：吉米，我想讓你知道，當看到你那麼快進入情況並開始工

作，我是多麼欣喜（但不感到驚訝）。我可以盡情享受我剩下的7個月任期了。巴德。」

唯一一件我們存在根本分歧的事情是關於裡科弗上將的。朱姆沃爾特認為裡科弗是個麻煩，因為裡科弗經常自行其是，並且有故意對海軍作戰部部長進行隱瞞的嫌疑。裡科弗的風格是他在早期的海軍工作中形成的。他自認為是世界上唯一一個即懂核動力技術又知其作戰效能的人，他不想讓海軍指揮官這些外行來礙事。前任海軍作戰部部長，如阿利‧波克上將、戴維‧麥克唐納上將，還有最近的上一任部長湯姆‧摩爾上將都容忍了他。這些海軍作戰部部長都認識到核動力在潛艇和航母發展中的地位和作用，只要裡科弗不出錯，就讓他放手去幹。裡科弗還真沒有出過什麼差錯。

巴德與裡科弗的問題在於，朱姆沃爾特正在進行改革，要求改變海軍中的辦事風格。他要求海軍中的每個人接受新的處世哲學，如果他們想在海軍有所發展並且長期服役的話。裡科弗對於自己所做的工作的確從來不和其他人商量。巴德則缺乏工程和技術方面的職業經驗，他從事的工作總是與政策和指揮相關。結果，巴德對於核動力推進，包括其優缺點，總是不能仔細去學習和研究，在他與裡科弗討論核動力項目時，這點表現得尤為明顯。巴德‧朱姆沃爾特與裡科弗上將不和，意味著巴德所瞭解的核反應堆情況大部分來自供應商銷售代表的言辭。在二十世紀七〇年代初，這些說客誇口，能生產價格低、重量輕的反應堆。我曾看到一名銷售代表舉起手中的公文包向海軍作戰部部長吹噓，他們能用公文包大小的反應堆來推進一艘驅逐艦。如果這是真的話，那麼在小卡車上馱上一枚氫彈也可以被認為是安全的了。由於對裡科弗存在不滿，巴德對於推銷商指責裡科弗的言辭深信不疑，他們指責裡科弗在反應堆設計方面過於保守，抑制了核能發展的潛力。

朱姆沃爾特上將從來不問我對於推銷商的建議有什麼看法，他這樣做很大一部分是怕我支持裡科弗的立場。巴德相信，海軍艦船能有一套如推銷商所言的那種便宜和輕型的反應堆系統。坦率地說，這樣做對他有利，也使我擺脫了

尷尬的處境。作爲副部長，我總是避開裡科弗上將，而那位老好紳士也總是知趣地不來和我搗亂。那時，關於核動力問題還沒有定論。但是，海軍和海軍作戰部部長已宣稱，要在所有的航母和潛艇上實現核動力推進。

有一次，巴德就其特別顧問的相關建議與我進行了討論。他們建議，發展一種用氣冷反應堆推進的雙體運輸船，這種船能以70節的高航速跨越大洋。我向巴德解釋到，使水面艦艇以70節航速橫跨大洋的技術在可預見的將來不可能實現（他不相信海軍系統司令部領導們的意見，認爲他們過於保守並害怕承擔風險），核反應堆如果要產生使艦艇如此高速運動的動力，那麼就要足夠大和足夠重，這樣艦船用於裝載部隊的空間就會很小。

根據數據，我認爲，指責裡科弗上將在反應堆設計方面過於保守是不客觀和不公正的。開始，他堅持兩種基本的工程設計理念：一是壓水反應堆，這種反應堆最終在所有的核潛艇上得以運用，無論是我們的、盟國的，還是蘇聯的；另外一種替代方案是液鈉反應堆，這種反應堆將鈉作爲冷卻劑和向汽輪機傳輸能量的介質。鈉反應堆曾在「海狼」號潛艇上進行過試裝。我雖是一名指揮軍官，但也擁有核設計工程的學位，在我看來，鈉反應堆簡直複雜到難以設計和操作的地步。裡科弗將鈉反應堆設計和運轉起來就夠行的啦，並且他還將其安裝在一艘擔負戰備值班任務的潛艇上達兩年之久。部隊最後的評價是，鈉反應堆不如壓水反應堆好用。在「海狼」號進行首次核燃料更換時，海軍就將鈉反應堆更換爲了壓水反應堆。我經常引用這段實例來證明，裡科弗並非迴避一些技術難題。裡科弗是願意採用合理的新概念，敢於面對技術和工程上的難題，並且解決問題使其真正運行的人。他拒絕採用經實踐證明並不可靠的技術的做法無可厚非。

六月，國防部部長吉姆‧施萊辛格開始考慮接替巴德出任海軍作戰部部長的人選。朱姆沃爾特已提升我爲四星上將，從而使我有資格成爲海軍作戰部部長的候選人，他對我可能出任該職也表示過認可。不過，我想朱姆沃爾特還是認爲沃思‧巴格萊上將更適合擔當海軍作戰部部長一職，他認爲沃

思‧巴格萊更能推行正在進行的改革。但爲了公平起見，他還是推薦我作爲
一名候選人。不過已成爲參聯會主席的摩爾上將卻明確支持我。施萊辛格部
長對所有候選人都進行了細緻和公正的考察。他每星期讓我去他辦公室一
次，通常在中午，我們一起喝咖啡，邊喝邊聊。談話內容基本上是涉及宏觀
政策的，甚至還有些關於理論方面的問題。他最感興趣的話題是，如何運用
核武器來顯示決心但又不引發核大戰。他更多的是介紹判斷問題的方法，而
不太糾結於我對於問題的立場。我覺得與他的談話令人心曠神怡，這樣的會
面讓我身心愉快。

指揮權的交接

我與朱姆沃爾特上將的指揮權交接儀式是在班克羅夫特大樓前的特庫姆塞
廣場舉行的，這裡也是海軍學院的標誌地。國防部部長吉姆‧施萊辛格主持了
儀式，場面十分盛大。

我接任海軍作戰部部長後接受的第一個記者採訪提問是：「你對海軍會做
出什麼樣的調整？」我回答：「海軍有一個傳統的說法：新上更的值更官在開
始的15分鐘裡不會改變航向。我還要等一等看，然後再考慮是否進行調整。」
我之所以引用這個諺語，因爲我認爲這樣做是唯一明智的辦法。當時，在海軍
中仍存在越南戰爭留下的消極影響。有不少人，主要是退役軍人、高級軍官還
有軍士長們，對朱姆沃爾特的改革不太滿意，他們認爲應該按傳統的海軍方法
辦事。同樣也有不少人贊同朱姆沃爾特較爲自由的政策，他們擔心新任的海軍
作戰部部長是否會重新把海軍帶回老路。我們必須將這些分歧置於可控的範圍
內，完善並團結海軍，這時的海軍不應有太大的變動。

我接替朱姆沃爾特上將後不久，尼克松就辭職了，傑拉德‧福特當上了總
統。福特在眾議院撥款委員會合武裝部隊委員會長期任職，經常與國防部的預
算案打交道，他對四個軍種的情況較爲瞭解。福特與軍方關係較好，能較好地

處理將領與文職首長之間的關係。

二戰期間，福特在海軍服役，在「蒙特利」號航母上連續干了18個月，那是一艘由巡洋艦改裝而成的輕型航母。一九四四年，該艦因在颱風中受損，趕回美國本土進行維修。在此之前，福特都待在那艘艦上。輕型航母航速較高，也有充足的空間搭載高性能飛機，因此經常配屬在斯普魯恩斯上將和哈爾西上將的第38和第58快速航母特混編隊中。從「蒙特利」號航母開始服役起，福特就是該艦的槍砲長。離開時，福特已在他的亞洲太平洋戰役勳章上綴上了9枚代表參戰次數的星。作為一名年輕的海軍後備軍官，福特在艦上享有較高的聲譽，他還被指定為艙面負責人，這些都是對其專業素養的肯定。很多次，福特都會回憶起他在「蒙特利」號航母上的服役經歷。對於這段不算太長的在太平洋上與日本進行航母大戰的經歷，福特總是念念不忘。

在福特任內，首位來訪的外國首腦是聯邦德國總理赫爾穆特‧施密特。福特在華盛頓招待了德國客人，而施密特總理則在馬里蘭州的巴爾的摩舉辦了一個答謝雞尾酒會。

雞尾酒會是在巴爾的摩港邊的美國海軍退役單桅戰船「星座」號上舉行的，這是巴爾的摩新港的標誌物。那是一九七四年秋天的一個下午，風和日麗，賓客們在單桅戰船的露天甲板上享受著美酒和點心。我之所以在受邀嘉賓之列，也許是因為施密特本人是一個海軍迷。我穿過歡迎隊伍，德國海軍武官走到了我面前，與我閒聊起來。這時我看見福特總統與施密特總理擠過人群，明顯地朝我這邊走來。施密特對我說：「將軍，福特總統告訴我，你指揮過『企業』號航母。」我回答道：「是的，那是一段美好的時光。」瞧見我別著飛行員的翼型胸章，他接著說，他對航母指揮官和艦載機飛行員十分敬佩。我對此表示贊同，並補充道：「你知道嗎，二戰期間福特總統在太平洋的航母上服役。」

「不，我不知道，」施密特回答道。轉向總統，他接著問：「是哪條船？」

「美國海軍『蒙特利』號，」總統答道。

沒想到施密特竟然說道：「哦，那是一艘小型護航航母，不是大傢伙。」我對總理如此直接的表述感到驚訝。聽完，福特總統退後一步，然後問我：「『蒙特利』號不是一條小航母，對嗎，吉姆？」

我真是無語了。要調和兩位國家元首關於我們總統海軍服役經歷細節方面的分歧，我還真感到為難。「蒙特利」號的舷號是「CVL-26」，「CVL」代表「輕型航母」。該艦是由戰前一艘巡洋艦的艦體改造而成的。輕型航母只有10000噸左右，當然比標準的27000噸「埃塞克斯」級航母小很多。我吞了吞口水，結結巴巴地回答：「『蒙特利』號不是艦隊中最大的，但它能以32節的航速航行，並且搭載了一流的戰鬥機和轟炸機。該級艦被定為艦隊航母，與護航航母有區別。它們配屬在斯普魯恩斯上將和哈爾西上將的第38和第58快速航母特混編隊。」就在此刻，第一夫人貝蒂・福特來了，德國總理連忙向她表示問候，我則乘機悄無聲息地迅速開溜。

那天下午，我不得不對二戰中的航母情況進行了一次快速的回憶。戰爭中，美國海軍建造了69艘「卡薩布蘭加」級和「科芒斯曼特灣」級航母。這些航母排水量不到8000噸，航速不超過25節，被定為「護航航母」，搭載的是略顯過時的FM-2「野貓」戰鬥機。而「蒙特利」號則裝備了性能更好的新型格魯曼F6F「地獄貓」戰鬥機。福特總統很清楚他自己講的是什麼。

艦隊的戰備水平

接手指揮權不到兩星期，生活又如往常一樣運轉起來：作為海軍作戰部部長要面對的不只是榮譽和典禮。我前往國會，參加武裝部隊委員會關於艦隊情況的聽證會。和以往一樣，我是唯一一個接受質詢並提供證詞的人。戰備工作是「指揮員的一項職責」，我被一名眾議員厲聲盤問著，幾星期前此人還對我的就職表示過祝賀呢。在他們眼中，海軍的現狀實在不佳，我也不得不同意他

們的觀點。

委員們的工作仔細又認真，他們拿出一堆數據，證明每月海軍的資產都在損耗，月損耗率在穩步提升，無法適應戰備需求的軍艦比例正在擴大，有些甚至到了無法出海的地步。海軍自己的人對此也有所抱怨。一名在百慕達度假的退役海軍中將給我的辦公室掛來長途電話，對其所見進行了強烈的投訴。他看到，有兩艘還算新的驅逐艦錨泊在百慕達峽灣，艦容卻不是一般的糟糕。按這名中風的退役將軍所言，兩艘艦銹跡斑斑，油漆脫落，污點甚多，從遠處遊人如織的度假海灘就能清楚地發現。

有一件事鬧大了，引起了委員會主任顧問的關注。一個月前，由5艘兩棲艦船組成的一支兩棲特混大隊準備離開維吉尼亞州的利特爾克里克，跨越大西洋前往地中海的第六艦隊轄區部署。其中的一艘戰車登陸艦竟然無法出海，只能呆在諾福克的海軍碼頭上。另外兩艘船塢登陸艦則發生了給水系統故障，在剛駛離切薩皮克灣時就不得不返回諾福克進行維修。編隊在經過亞述群島後，又有一艘船失去了動力，只得被拖帶到西班牙的加地斯海軍基地。最後，僅剩一艘兩棲運輸艦通過了直布羅陀海峽。非常不幸，我不能讓議員們相信，這不是一起孤立的事件，除非國會幫助我們扭轉海軍每況愈下的悲慘局面。

海軍艦船糟糕的現狀引起了議員們的高度關注。我的壓力很大，卻也難辭其咎。委員會得出的結論是，海軍艦船年久失修。我表示同意，但補充說明道：「是的，不過國會也要承擔部分責任。你們沒有給足撥款，檢修、保養、零配件供應都需要錢。目前海軍預算額處於一九四八年以來的最低水平。」我這樣說更是惹惱了一些議員，他們甚至使用了威脅性的言辭。委員們稱，據瞭解，艦員沒有按要求對艦船進行維護保養。對此，我回答道：

「這份報告部分內容是真實的，事到如此有兩點原因。首先，艦隊中的職業道德正在淪喪。我們正在努力扭轉這一局面。但更嚴重的

是，我們缺乏經驗豐富的士官，這些人才是真正懂得保養和維護的專家。新兵缺乏保養方面的訓練和經驗，更別提對這些複雜的設備進行維修了。我們最好的士兵不願意長期幹這一行……他們之所以在工作中受挫，是因為他們缺乏零件和工具來完成維護保養工作，他們感覺總是在應付了事，這樣就打擊了這些盡職盡責官兵們的士氣。我們也在解決這個問題，訓練我們的新手。但是，你們需要給我們多一點的時間。」

委員會主席說道：「我們會幫助你的。我們可以立法，規定任何軍艦隻要通不過戰備水平檢查，艦長就得滾蛋。」我答道：「請不要這樣做。目前海軍經驗豐富的艦長與經驗豐富的士官一樣稀缺。這也不全是艦長的過錯。我們認為，如果給艦員施壓，限制他們的自由，強迫他們在工作時間以外加班，那麼士氣就會更低。如果再加大壓力，他們都會不幹的。需要一種非常合理的平衡。實際上，我們現在讓他們一天工作12～12小時。如果再延長到每天16個小時的話，我擔心官兵會在心理和生理上崩潰。」聽到這，委員們激動地對我喊道：「我們認為你還不夠嚴格。」就這樣，我被議員們揪住不放了。

公正地講，當時艦隊戰備水平每況愈下的情況的確非常嚴重。國會的批評並不過火，其中的緣由也不是祕密。多年以來，我的幾屆前任一直都在警告國防部和國會，在越南戰爭中，海軍艦艇被使用到了極限。為了執行作戰任務，應對突發事件，艦艇的檢修往往被延遲或取消，泊港時間也被縮短。返航後，在上岸休假之前，艦員還要進行延期的保養工作。這些都嚴重地影響了艦員的士氣，本該進行的裝備升級和維修工作也受到了消極影響。

航母受到的影響最大。航母的彈射器、阻攔索和飛行甲板不能承受持續30天、每天12小時、期間沒有修理的高強度作業。航母艦載機也受到了很大影響。為了彌補戰損，補充進飛行中隊的飛機只能進行匆忙草率的檢修，而與武

備升級和安全性能提升相關的維護項目則被從檢修程序中省去了。

越南戰爭結束後，軍事行動的頻度減緩了，可是維護保養的各項相關工作只得到了部分恢復。現在，主要的問題是錢。本應用於艦隊維護的資金成為了和平時期公共事業經費的一部分，而且很大一筆還被投向了社會公共事務領域。很多議員並不明白，資金投入與保持艦隊戰備水平之間的關係。對於外行而言，只要海軍有充足的人手，戰艦與飛機就應該保持良好的狀態。對於諸如建設技術培訓學校來訓練士兵掌握維護保養現代武器系統的知識，採購零配件來替換損耗的設備，以及提供必要的船廠和基地對艦船進行大修等問題，沒人關心，甚至不被接受。不過，最嚴重也是最麻煩的問題在於，越南戰爭侵蝕了美國青年的社會道德觀念。在二戰後出生的美國新一代青年中，美國式的職業道德明顯缺失。為了吸納青年加入海軍，徵兵負責人需要向他們許以高額薪水，描繪生動有趣的出海經歷，保證他們能得以快速提升職務，甚至誇口在海軍可以學到做買賣的生意經等。

非常遺憾，海軍不能兌現上述諾言，特別是對在地方學校或職場中屬落後群體的那幫年輕人，他們總是不明白為何要在艙底開始工作，為何提升職務需要從刷漆和清潔鍋爐開始。他們期待立馬成功，但是又缺乏必要的教育和技能來從事如電子和計算機等更高級也更吸引人的工作。久而久之，他們就會失望，對勤務工作沒有興趣，從而導致軍艦內部秩序混亂，達不到戰備的要求。

我承認，在我剛接任海軍作戰部部長時，我還沒有充分認識到作戰部隊中存在的問題的嚴重性。很多中級軍官，也包括一些將領，似乎能容忍這種低水準狀態的存在，他們認為這最多只會使軍艦的外觀難看一些罷了，卻沒有意識到疏於維護保養會導致武器裝備系統的失能和失效。

航母深受其害。早在一九七〇年，國防部的一名海軍航空兵將領就質問，海軍到底是應該讓航母艦員保持越南戰爭前的那種高標準戰備水平，還是讓他們得過且過混日子。要恢復那樣高的水平顯得較為困難。讓艦員干的活越多，

他們之中願意留隊的就越少。在一次向總統展示航母火力的彙報演練中，他們出醜出到了最高水平——發射的空艦導彈無一命中目標。這真是令人尷尬至極，大出組織演練的將領所料，於是，他下令做全面的調查，審查演習報告，對海軍機載武器系統進行全面的檢修。

但是，在作戰部隊中，對於提高戰備水平，普遍存在一種冷漠和缺乏緊迫感的氛圍。他們的借口是：「這是外面社會造成的。我們的士兵只是在繼續越南戰爭後的反文化運動罷了。」我當海軍作戰部副部長時，已意識到出了問題，但還沒有察覺問題已經到了如此嚴重的地步。也許是因為在巴德視察艦隊和演訓活動時，我總是待在國防部吧！

在接任海軍作戰部部長的第一個星期，就有人建議我應該去視察一下諾福克海軍基地新開設的酒精康復中心。之前，我從未意識到酗酒和吸毒會成為艦隊中的一個大問題。我非常重視，連忙乘直升機飛往諾福克，接著上了轎車，繞著基地先作了一番整體觀察。當時大約是十一點半，我們的轎車非常小心和緩慢地挪動著，因為路上擠滿了從碼頭過來的水兵，有幾百人之多，他們還穿著粗棉布作訓服。我問基地的一名上校，誰來負責我的警衛，那幫兵是去哪裡的？

「他們是去水兵俱樂部的，」他回答道：「我們做了大買賣，我們的E俱樂部真是能賺錢。整個星期每天中午從十一點半到十二點半，我們供應一小時的馬提尼酒，兩杯只算一杯的錢，那裡還有脫衣舞表演。E俱樂部盈利還真不少呢。」

「你喜歡這樣嗎？」我問道。

「這樣做可以使我們的俱樂部不負債，」他回答道：「我們現在根本不需要自動售貨機。關於在中午提供一小時休閒時間的決定是去年在基地大會堂召開的軍人大會上決定的。」這個論壇式的軍人大會是先前推行的Z計畫的一部分。

接著我視察了酒精康復中心，那裡似乎還沒住滿。我去碼頭察看，艦

隊的船，包括航母、巡洋艦、驅逐艦、補給艦和兩棲艦船等，都系泊在碼頭上。在碼頭，本應該聽到刷漆和發動機轟鳴的聲音，但是這裡卻死一般的沉寂。我登上了並靠著的兩艘船，竟然看不到有人在工作。我問兵都去哪裡了？

「哦，他們要麼去軍人合作社了，要麼在艙裡睡覺。」上校回答道：「就算他們在中午喝兩杯啤酒，他們也能幹完一天的活。」

「現實一點，」我嚷到，「我是一個正常人。如果我在一天中喝了24杯馬提尼酒的話，我不可能再幹任何有價值的事情。生理上，他們與我沒什麼兩樣吧！我絕對不相信在下午他們能打足精神做事。我要確保他們不是我乘坐的飛機的駕駛員。」

我召集了幾個艦長談話，他們告訴我：「情況太危險了，將軍。這些小年輕幾乎每天都穿著作訓服去酒吧！他們回來時也不工作。工作時，他們總是在遊蕩，中午以後就不會幹任何事了。」這就是指揮員不作爲的具體表現，這樣會毀了海軍。有人認爲，在工作日當中舉辦酒會、提供脫衣舞表演能提高年輕士兵的士氣。這些無論從哪個方面看，都是行不通的，也是不合法的。大部分年輕士兵的年齡都不到21歲。身分證從來也沒有查驗過。邏輯好像就是，小伙子能打就能喝。

我決定終止這樣的午間狂歡。不過，禁令決不僅限於水兵俱樂部。我回到國防部後，立即起草了一項命令：「海軍基地和海軍航空站的所有俱樂部，在工作時間內不得銷售酒精，酒吧在下午5點前和午夜後不得營業。」很快就有了反應。一位艦隊司令打電話給我，表示不能執行這個命令。「附近社區中的退役軍官還有他們的老婆會臭罵我的。」他說道：「他們愛去軍官俱樂部，他們喜歡在午飯時喝雞尾酒、啤酒或葡萄酒。」我回答：「我很遺憾，沒想到退役軍人也喜歡這些東西。不過，基地的俱樂部主要是對現役軍人開放的，這樣可以方便他們在基地內用餐。如果退役軍人要在下午五點前喝酒，他們可以在家裡喝，要麼就到地方的酒吧和飯館去。諾福克和維吉尼亞灘到處都有酒吧！我

們經營基地是為現役軍人服務的。」海軍已對政策進行了修改，減少了因軍銜等級差異而產生的社會權利不平等，關於飲酒的規定應該適用於任何人，我們要堅持這個政策。

一星期後，問題出現了。軍士長俱樂部宣稱，他們全天24小時營業和售酒是一項歷史悠久的傳統。他們的理由是，軍士長們工作時間不規律，如果一名軍士長值夜班，那麼他在早上八點下班後就應該去酒吧喝一杯。我第一個反應就是，海軍不能在早上八點就供應酒，就算是在老百姓的生活中也找不到這樣的例子。如果他們實在想喝，就回家喝或去地方酒吧！我堅持軍人酒吧只能在下午五點到午夜之間營業，所有的酒吧都一樣。頭幾個星期，偶爾有些抱怨，不過時間一長，這個規定也被接受了。從此，工作時間喝酒的問題基本解決了。

航母部隊的戰備水平是大西洋艦隊和太平洋艦隊關心的頭等大事。通常，航母的配置方式是太平洋9艘，大西洋7～8艘。國防部每年都對海軍授權指揮的攻擊型航母的規模進行審查和確定（除彈道導彈核潛艇外，航母是海軍中唯一數量受國家指揮當局嚴格控制的兵力）。參聯會主席進一步規定，地中海第六艦隊的航母數量任何時候都不能少於2艘，第七艦隊的一艘航母則必須部署在距中國臺灣1000海里的範圍之內。海軍不能派不出航母，這關係到國家的總體戰略計畫。

如果哪艘航母因動力故障而不能出海的話，那麼艦隊中整個航母使用計畫就會受影響，如同多公尺諾骨牌效應一般。除了在船廠進行維修，以及艦員進行訓練或作出航準備時，航母都在海上陣位執勤達數月之久。

雖然航母的問題最引人注目，但是艦隊總體戰備水平的下降直接影響了軍事行動的開展和官兵的士氣，特別是艦艇的機電設備狀況更令人擔憂。在海上，如果一艘驅逐艦的雷達失靈，還可以進行修理，如果是鍋爐壞了的話，就沒戲了，這就等於少了一艘軍艦。

我很快就發現了問題的根源。自二戰結束以來，海軍機電專業就被忽

視了。指控和武器系統成為水面艦艇最受重視的崗位。如果海軍指揮軍官希望在部隊有所發展的話，那麼就要盡可能避免在機電部門工作。在機電部門工作沒有發展前途。船舶動力系統一面在不停地運轉，一面又得不到良好的維護和保養。機電部門的軍官，特別是那些在航母上的，都是有限職務軍官（LDOs）。儘管他們的待遇比士兵優厚不少，但從來就不想在機電的崗位上長干。艦上的指揮官很少對他們表示支持和理解，艦上的指揮官也很少從機電崗位選拔。

我個人的經驗有助於解決這個深層次的問題。二戰期間，我在兩艘「弗萊徹」級驅逐艦上幹過。根據軍艦機電設備無故障運轉情況，機電長可以被評為年度十大傑出軍官。那時，機電部門的工作開展情況與槍砲部門一樣出色，兩個部門都為軍艦在長達四年的戰鬥中最終得以保全做出了突出貢獻。現在，是到了重塑機電部門榮譽感和專業水平的時候了。

我作為飛行員曾在「埃塞克斯」號航母上服役，該艦的機電長就是有限職務軍官。他的專業技能十分優秀，但每日的繁重工作還是使他的身心備受煎熬。儘管如此，艦長和其他的部門長，還有飛行員們卻很少關心和認可他的工作，他們認為機電部門的問題不值一提。雖然機電長也是一名部門長，有資格坐在軍官餐廳的首桌上用餐，但他往往是一邊啃三明治，一邊在艙底指導維修動力設備。

我在接任海軍作戰部部長幾星期後，就已意識到提高艦艇部隊戰備水平的首要舉措就是重塑機電部門的榮譽感和專業水平。裡科弗從機電軍官成長起來的例子給我很大啟發。另外，我在學習核動力時，與不少潛艇軍官有所接觸。艇員的生命取決於潛艇能否安全地下潛和上浮，這就要求機電部門百分之百地可靠，不能出任何差錯。這點對我也是寶貴的啟示。

我採取的第一項措施是頒布一條海軍人事命令，規定提升為艦長的前提條件之一就是要在軍艦的機電部門幹過。這條命令使作戰軍官叫苦連天，卻得到了海軍人事主任的堅定支持和全面協助，他在日後也成為了一名海軍作戰部部

長。當年輕的軍官們獲悉此規定後，沒人想自毀前程，都爭先恐後地到軍艦的機電部門工作去了。

航母的問題最特殊，當時的情況已發展到了快要崩潰的地步。為了解決問題，只有啟用能力素質較強，又有強烈事業心的資深軍官來推行這項政策。又是吉姆・沃特金斯想出了一個解決辦法：從水面艦艇部隊挑選表現優秀的資深作戰軍官，讓其在航母上當兩年機電長。這就是所謂的「航母戰備提升方案」。這個方案無疑會影響一部分軍官的情緒，他們本希望能到「宙斯盾」巡洋艦上從事導彈相關工作。但這個方案有助於改變海軍中流行的觀點和存在的風氣。被挑中的軍官反應強烈，海軍人事主任要他們盡職盡責。

當時，第一艘「尼米茲」級核動力航母已服役。以其為例，艦上負責管理反應堆的軍官和機電長都是從核潛艇上表現優秀的軍官中挑選出來的。於是，工作熱情和奉獻精神又一次高漲。安全性和可靠性成了對核動力航母項目進行評估的唯一標準。

我們需要變革和創新。解決措施就是進行海軍艦船動力系統應用知識的灌輸和教育。這項教育計畫的正式名稱是：指揮官船舶動力課程。該計畫是我與裡科弗上將共同倡議的。長期以來，我都在考慮借鑑德國陸軍的做法，為新晉升為將軍的人舉辦一個為期兩星期的進修班。這個進修班要在偏遠的風景區或度假村舉行，環境舒適，條件優厚。在學習過程中，海軍高級將領、地方政要和知名學者會被邀請前往授課和參加研討。學員們有充足的時間進行思考、閱讀、學習和交流。

裡科弗的想法與我差不多，不過他希望進行的是一種關於機電知識的灌輸式教育，對象為剛成為艦長的上校級指揮官。裡科弗把想法告訴了吉姆・沃特金斯，他們兩人一起來找我。

裡科弗希望培訓經費從眾議院武裝部隊委員會海上力量分會劃撥的「專業教育費」中出。裡科弗也想好了培訓的場地，那是愛達荷州阿爾克鎮的幾棟閒置的房子，在原子能委員會所屬的核反應堆附近。當時，核動力水面艦艇的機

電軍官和指揮官就利用這處反應堆進行基礎培訓。

我完全同意他們的想法。裡科弗的建議把我的想法具體化了，能參加這個培訓是成長爲高級軍官的標誌。這樣做還可以讓我們海軍未來的領導們有機會彼此瞭解和熟悉。

我們花了一個小時來探討具體的操辦方法。地點就定在阿爾克鎮，學制爲4周（根據後來培訓經驗和效果，學制最終被延長爲14周）。這個培訓不是以選拔和淘汰爲目的的，方法有些像海軍戰爭學院，要把學員當做高級軍官來培訓。總之，我們培訓的對象是海軍軍官的精英，其中最少包括兩大類海軍軍官：海軍航空兵和水面艦艇作戰軍官。潛艇軍官已在核能培訓學校接受過機電專業的培訓。

這是一個很特別的培訓班。所有水面艦艇和海軍航空兵部隊的領導都會從該培訓班的學員中產生，因爲艦上有前途的指揮軍官都要來培訓，而指揮過艦艇是晉升爲海軍將領的必要條件之一。舉辦這個培訓班的另外一個好處就是，可以使海軍未來的領導們在一個專業的，又沒有競爭的環境中，彼此熟悉和瞭解。我們不準備給學員進行考試和打分。學員互助是常有的事，比如本科在海軍學院里數學和物理學得較好的人會經常對其他同學進行輔導。

食宿條件簡樸但卻齊全。每個人有一個單間，裡面有書桌和放有書籍的書櫃。此外，房間裡還有舒適的椅子和床。緊挨著臥室的是一間大客廳，用來招待訪客和吃飯。學員住在愛達荷州的福爾斯，這裡距教學地點有60英里的車程。在培訓期間，學員的家屬不能來陪讀，確保學員每晚把時間充分用在讀書上。收音機和音響是不能有的，但在客廳裡安有電視，便於學員收看新聞。一些學員會發現，NBC頻道接收不了。同樣，星期一晚也不可以收看職業橄欖球賽。週末可以自由活動，對於學員們來說是一種放鬆，他們大多數外出釣魚、滑雪，或是遊覽附近的風景名勝。

一九七七年十一月，第一期培訓班開始了，共有25名軍官學員，在以後舉辦的各期班次當中，學員的數量保持不變。教官是一流的，他們是文職或軍

人，水平與核動力學校的老師相差無幾。令人不解的是，其中的一些學員，不能遵守學校的紀律，放棄了學習，結果也喪失了成爲艦艇指揮官的機會，從而無緣成爲海軍將領。一個主要的原因是課程太難（儘管早已申明不做考試要求）。也有一些人是不想在學習上用功和花費時間。不過，海軍的骨幹人才並未因爲少數人自動放棄前途而受到不良影響。

這些新型的指揮人才，接受了良好的培訓，掌握了艦船動力方面紮實的專業知識，一到部隊就產生了立竿見影的效果。機電部門的工作效率顯著提高，艦艇裝備的損耗率明顯下降，從事機電崗位工作的人員士氣大幅提升，艦隊戰備水平也得到了提高。不到兩年，所有的艦艇指揮官要麼通過在機電部門身體力行，要麼通過培訓班的培訓，都掌握了紮實的機電專業知識。

米登道夫部長

一九七三年至一九七四年我任海軍作戰部副部長期間，海軍部的兩名主要官員是海軍部部長約翰·華納和海軍部副部長J.威廉姆·米登道夫。在我接替朱姆沃爾特上將出任海軍作戰部部長不久，福特總統就任命約翰·華納爲美國建國兩百週年慶典委員會主任了，總體負責計畫、實施和協調美國建國兩百週年慶典的相關事宜和活動。

於是，比爾·米登道夫接替約翰·華納擔任海軍部部長。這個人事變動並不出人所料。作爲海軍作戰部副部長，我曾與海軍部副部長一同共過事。朱姆沃爾特上將與華納部長則通過專用電話保持聯繫。

與比爾·米登道夫一起共事令人愉快。他精力充沛，才幹出色，富有創造力，商界和政界的朋友都認爲他多才多藝。在到國防部任職之前，他是美國駐荷蘭的大使。在荷蘭，他學習了音樂，並成爲了小有名氣的作曲家。任海軍部部長期間，他爲海軍和海軍陸戰隊創作了50多首樂曲，大部分是進行曲。他甚至還創作了一首《海軍夫人進行曲》獻給我的妻子戴布尼。他就任

海軍部部長後不久，就在憲法大廳為海軍官兵及其家庭成員舉辦了聖誕節音樂會，他親自擔任指揮。當時，米登道夫竟穿著租來的泰迪熊外套。演出進行得相當順利。

二戰期間，米登道夫曾是聖十字大學海軍後備軍官訓練團（NROTC）的成員，並在太平洋戰場上的一艘火力支援登陸艇上服役，那是一種小型兩棲艦船。戰後，他進入哈佛大學取得了文學士學位，然後從事工商管理工作，後來又涉足金融行業。作為一名投資銀行家，他獲得了極大的成功。在那時，他開始涉足政治領域，在共和黨裡擔任過一系列要職，包括負責黨內的財政工作。

自然，比爾對財政工作較為熟悉，這對於管理海軍部而言十分必要。此外，米登道夫人脈很廣，給他的辦公室帶來了不少實質性的好處。因為曾在海上生活過，所以他渴望參與海軍作戰相關的事務，但我認為結果讓他多少有些遺憾。不過，米登道夫部長與其他國防部的文職官僚不同，他很快就意識到自己專業方面的局限性，明智地選擇了不依仗權勢對新技術的戰鬥效能妄加評論。（據稱，在F-111戰鬥機項目的辯論中，國防部部長辦公室企圖使空軍戰機上艦，發展一型全軍通用的戰鬥機。國防部部長麥克拉馬拉和副部長尼茨甚至使用鉛筆和橡皮外加紙片設計了一種機翼折疊裝置，以此實現F-111戰鬥機搭載航母作戰。當然，這個F-111戰鬥機項目很快就流產了。）

米登道夫對海軍項目持明確而堅定的支持態度，特別是到了預算審查階段，他在國防部和國會都會大力宣傳海軍的計畫。在他擔任海軍部部長的兩年時間裡，海軍在項目計畫方面得到了國會的大力支持，包括「三叉戟」潛艇、「宙斯盾」巡洋艦、F-18戰鬥機和CH-53E重型直升機等。不過，米登道夫對於海軍作戰部隊的興趣絲毫沒有減弱。

在一九七五年春的一天，比爾‧米登道夫走進我的辦公室，自己拖了把椅子坐到我旁邊，然後開口就說：「吉姆，我努力幹好這份工作，我熱愛海軍，但是我認為我的領導方式還不是很好。我聽說，技術相關領域的決策都是通過

廣泛的調查研究後做出的，人事工作的經驗是從長期部隊服役生活中得來的。你有什麼途徑可以使我與海軍部隊結合得更加緊密，我怎麼才能更直接地為艦隊官兵服務呢？」

我不假思索地說道：「你能幫助扭轉艦隊裝備器材狀況惡化的趨勢，我可以列出我們的問題，然後我們可以試著去解決這些問題。我指的是改變艦隊中存在的風氣，現在大家都認為當上機電軍官就等於在指揮崗位上走到了盡頭。我們必須集中力量解決這個問題，但我一時又走不開，因為我每星期要到參聯會合國會開三次會。你為什麼不下到部隊去看看呢？作為海軍部部長，你可以視察作戰部隊的艦艇啊。」

海軍部部長下部隊視察也不是什麼新鮮事，不過我認為方式要作一個大的調整。過去，海軍部部長或海軍作戰部部長登艦視察，都是先檢閱儀仗隊，然後就直接被引到艦橋或是艦長的住艙，坐在那裡只管喝茶閒聊。然後，走馬觀花地看一圈，就直接到下一艘軍艦上去了。我建議，部長視察時，在檢閱完儀仗隊後，就直接下到機電部門，接見從機電長到普通滅火員在內的所有機電部門人員。我告訴比爾，這樣視察幾次后，你就會瞭解艙底和鍋爐旁的人在想什麼了，然後你的話就會更有說服力。我還建議，到機電部時，他應該對官兵的工作提出表揚，並保證在人員分配和裝備發放方面對機電部門予以傾斜和照顧。我認為，這樣做的話，比其他任何方式都能更好地激發機電部門內部的榮譽感。開始時，艦長們肯定會不高興，但他們最終會歡迎此舉產生的積極效應。

比爾對這個建議立即產生了興趣，然後我們一起來到他的辦公室，召集他的助手們研究具體的實施方案。與以往一樣，部長對此興趣盎然，立即將其付諸行動。視察時，米登道夫詢問機電部門值更官的第一句話就是，艦長最後一次下到艙底是什麼時候。得到的回答全是，艦長壓根兒就沒來過。這件事很快就傳開了，於是艦長紛紛頻繁下到艙底，以此消除海軍部部長的不滿。

最終，米登道夫訪問了350多艘軍艦，每次都視察機電部門，找機電部門的工作人員談話，並查看鍋爐的保養狀況。他設計了幾種紀念銘牌，一種是紀念海軍部部長訪問機電部門的；另一種是表彰艦艇機電設備保養維護情況以及機電部門官兵士氣水平的。在他的卸任典禮上，我稱讚他「是海軍有史以來訪問艦艇次數最多的人，甚至超過了約翰·巴爾克利中將這樣的傳奇人物」。

我對米登道夫做出的努力表示由衷的感激，這也是海軍部部長與海軍作戰部部長通力合作的典範。我相信，我們的合作對於改進部隊管理，提高海軍士氣意義重大，好處甚多。

國防部部長拉姆斯菲爾德

海軍作戰部部長辦公室裡的緊急電話突然響了，我驚了一下。這部電話安放在我辦公桌後的控制臺上。通常，所有來電先由辦公室外的一名參謀應答，由他決定是否將來電接入我的座機。我辦公室有三條電話線，總有一條是忙碌的。

紅色的那部電話與眾不同，它是海軍作戰部部長與國防部部長的直通專線。紅色電話鈴響，意味著國防部部長要與海軍作戰部部長直接通話，沒有人錄音或作記錄，最少在我這邊是沒有的。這是一九七六年十月的一個下午，周圍顯得非常安靜，突然而至的電話的確出乎我所料。不過，今天我不僅是海軍作戰部部長，我還是參聯會代理主席。按規定，參聯會主席喬治·布朗上將不在位時，由我代理其職。我拿起話筒，就聽見拉姆斯菲爾德粗野的聲音：「吉姆，馬上下樓到我辦公室來一下。」我也不問為什麼，放下電話，走到門口，戴上帽子，準備下樓。見狀，我的祕書約翰·波因德克斯特連忙撥通幾個電話，詢問到底發生了什麼事。他想問一問國防部部長的祕書，是否有什麼麻煩，這樣我在進入拉姆斯菲爾德那間密閉的辦公室前，就可以有所準備，避免

手足無措。

　　但是，沒有時間了。當我來到國防部部長的那個套間辦公室時，他的祕書已經站在裡間那個拉姆斯菲爾德私人辦公室的門口了。他對我說道：「將軍，請直接進去吧！」我走進國防部部長那間寬闊的辦公室，立即被眼前所見嚇了一跳。我看見拉姆斯菲爾德坐在那張著名的珀欣桌（Pershing desk）後，在煙霧繚繞中，他的影子顯得有些模糊。另外還有兩個面色猙獰的人物坐在他的身旁。他們三人都在抽著巨大的黑色雪茄。我糊塗了。當我靠近時，我認出了那兩個人，是喬‧亨森和喬‧加圖索，他們兩人都是海軍退役軍官，並且在海軍學院讀書時他們都是摔跤運動員。一九五四年，他們與拉姆斯菲爾德一同代表美國摔跤隊參加了奧運會。唐‧拉姆斯菲爾德是普林斯頓大學的摔跤冠軍。通過摔跤運動，他認識了加圖索和亨森，他們成為了朋友。亨森是海軍學院一九四六～一九五四年級學員，曾在奧運會138磅級摔跤比賽中贏得過銅牌。加圖索沒有獲得過奧運會獎牌，但他在預賽中把拉姆斯菲爾德摔脫臼了，弄傷了的鎖骨，迫使拉姆斯菲爾德放棄了參加奧運會的機會。在海軍學院時，我也是一名摔跤運動員，與海軍頂級摔跤運動員有所接觸，所以我認識加圖索和亨森。

　　唐對我說：「吉姆，過來，向老朋友問好。」我穿過煙霧走到桌前，加圖索開口了：「我們問過唐，喊你下來到底需要幾分鐘。現在看來不到三分鐘。」接著，這兩個喬就放聲大笑起來。

　　唐示意我找把椅子坐下，然後我們就開始閒聊，前後有15分鐘。當然，談話內容是關於摔跤的，我們回憶了在大學時遇到的摔跤能手。意識到該走了，我站起來，向他們說再見，然後就走出了門。這時，那兩個喬也穿上外套，整了整領帶，用摔跤的方式相互擁抱，大笑著彼此再見道別。

　　我回到了我的辦公室，約翰‧波因德克斯特還在等我，急著想瞭解發生了什麼事情。我告訴他，只是一個私人聚會，與國際衝突無關，放鬆些。有趣的是，唐‧拉姆斯菲爾德、喬‧亨森和我後來一同被奧克拉荷馬州斯蒂爾沃特的

摔跤名人館收入在冊。

我是在一九七三年春第一次見到拉姆斯菲爾德的。在我即將接替朱姆沃爾特上將出任海軍作戰部部長時，朱姆沃爾特讓我代表他到布魯塞爾的北約總部去開會，與會者包括美國和北約盟國的各軍種領導。就是在那裡，我認識了美國駐北約大使唐・拉姆斯菲爾德，當時他還是一名海軍後備軍官，並具有海軍飛行員資格。一九五四年，他受過戰鬥機駕駛訓練。拉姆斯菲爾德服現役時，在佛羅里達州彭沙科拉附近的寇里菲爾德輔助海航站工作。那時他是一名飛行教練，教授學員基礎飛行技能，培訓他們駕駛SNJ、SNB、T-28和T-34教練機。一九五七年，拉姆斯菲爾德退出現役，隨後加入了精選後備役。他繼續在密西根州的格魯斯・艾爾海航站飛行，並成為雙發S-2艦載反潛艇巡邏機機長。會議期間，因為有了海軍飛行員的共同經歷，我們相處得比較好。恰巧，他在普林斯頓大學時也認識我妻子的兄弟劉易斯・羅林斯。一二年前，我在海軍學院摔跤時，拉姆斯菲爾德也在普林斯頓大學摔跤，我們屬同一重量級。

當我再次遇見唐・拉姆斯菲爾德時，他已是福特總統在白宮的主要顧問，我則是海軍作戰部部長。我整天與總統那套班長打交道，向國會議員說明增加國防預算的必要性。一九七五年，拉姆斯菲爾德接替吉姆・施萊辛格出任國防部部長。一名年輕的海軍後備役軍官，同時也是一名海軍飛行員，能出任國防部部長，對海軍航空兵和海軍而言，算是一個好消息。

參聯會很快發現我們的新領導與以往不同。拉姆斯菲爾德部長很有個性。大伙商量事情的機會比以往要少，拉姆斯菲爾德更喜歡自己做出決定。他也向下屬徵求意見，但他對建議總是不加掩飾地表露出不屑一顧的態度。他好像總是不太相信參謀長們彙報的情況。很快，大家都避免和他爭論了。在他的會上，沒人願意說話。結果，他總是武斷地下決定。

開始，拉姆斯菲爾德部長不太重視例行性的會議。他顯然更注意與白宮和參聯會主席迪克・切尼保持密切的關係。在選舉前緊張的日子裡，福特總統迫

切需要政治上的意見和建議。那段時間，唐總是待在白宮，參聯會有事時經常找不到他。這可苦了各軍種的參謀長，他們有很多事情需要請示和批復。在處理緊急事務時，一方面我們不一定能碰見他，另一方面他也沒有授予我們自作決定的權利。這些導致我們在工作中很不舒暢，我們總是不太清楚部長到底想怎麼做。

唐‧拉姆斯菲爾德出任國防部部長後，我與他的第一次會談是在一九七五年。當時，我陪他前往白宮向總統彙報關於游說國會議員支持總統國防預算案的計畫。我倆同坐一部車，車上只有我和他兩名乘客。在路上，拉姆斯菲爾德就文官領軍制度談了他的觀點。他認為，目前的情況與該制度的初衷相去甚遠，軍人相對於文官首長擁有太大的權力。在他出任白宮首席顧問後不久，一件事情讓他很不愉快。當他第一次被召去國家安全委員會開會時，會議室的大門被一名陸戰隊中校把守著。這名軍官對他說：「對不起，拉姆斯菲爾德先生，你不能進去。」拉姆斯菲爾德反問為什麼。陸戰隊中校答道：「你的安全等級還不夠資格與會，你也不在我的會議代表名單上。」對此，拉姆斯菲爾德評論道：「我上任的第一天就被擋在門外，這個陸戰隊中校也太把他的權力當回事了。我認為這真的很可笑。他知道我是總統的首席顧問，他也知道，無論我的通行證是否已經發放，它肯定在申請進程中，也肯定會發下來，只是時間問題罷了。依我看來，這個人的判斷力很差。非常遺憾，我認為這個人的行事風格在軍人中很普遍。只要給予了一點權力，他們就不知變通地去用，絲毫不考慮實際需求。」在結束談話時，拉姆斯菲爾德表示，他一定會在國防部部長辦公室談及此事。

拉姆斯菲爾德的性格與我在歐洲時所見相比明顯改變了很多。這也許不可避免，國防部部長所擁有的實際權力比一名大使要大很多。我要補充說明的是，等我從海軍退役，唐也不在政府部門任職時，我們的關係又融洽如初了。

霍洛韋上校，美國海軍「企業」號航母艦長，正在翻閱第34飛行中隊保存的老飛機記錄本。一九四八年，霍洛韋在「基爾薩奇」號航母上是該中隊的一名飛行員。（海軍歷史中心-NH103853）

海軍作戰部部長湯馬斯·摩爾上將授予霍洛韋上將第二枚軍團優異勳章，表彰他在一九六七年擔任美國海軍「企業」號航母艦長時的優異表現。海曼·G.裡科弗上將見證了此次授勳。（選自霍洛韋私人影集）

一九七三年九月，霍洛韋上將向埃爾默·朱姆沃爾特上將宣誓，就任海軍作戰部副部長。
（選自霍洛韋私人影集）

一九七四年，霍洛韋上將與其父詹姆斯·L.霍洛韋退役海軍上將在一起。他們是美國海軍有
史以來第一對都取得現役海軍上將軍銜的父子。（海軍歷史中心-NH103854）

理查德．M.尼克松總統對霍洛韋上將出任海軍作戰部部長表示祝賀。在一旁的是海軍部部長約翰．華納。（海軍歷史中心-NH103851）

一九七五年五月，作為參聯會代理主席，霍洛韋上將就「馬亞圭斯」號事件向總統和高級官員彙報。從左到右是：國務卿亨利．季辛吉，霍洛韋上將，中央情報局局長威廉姆．科爾比，傑拉德．福特總統，國防部副部長威廉姆．克萊門茨。（選自霍洛韋私人影集）

一九七五年十二月，霍洛韋上將在費城觀看一場陸海軍橄欖球賽時與海軍學院吉祥物合影。海軍贏得了這場比賽。（選自霍洛韋私人影集）

一九七六年四月十八日，霍洛韋上將在南維吉尼亞州查爾斯頓的艦隊彈道導彈潛艇訓練中心聽取機械維修軍士長利爾頓·戴維斯關於柴油機實驗室工作的報告。（海軍歷史中心-NH103818）

作為海軍作戰部部長，霍洛韋上將在國會一個委員會上講話。在擔任此職期間，他堅定而又明確地宣傳，海軍是執行國家政策的工具，是國家戰備的必然需求。（海軍歷史中心-NH103811）

一九七六年四月十八日，霍洛韋上將在南加里福尼亞州查爾斯頓視察大西洋艦隊最新的一艘驅逐艦「斯普魯恩斯」號。（海軍歷史中心-NH103816）

一九七七年，霍洛韋上將在芬蘭赫爾辛基參加社交活動。左邊的是蘇聯海軍總司令N.I.斯米爾諾夫元帥，中間的是芬蘭海軍總司令S.O.維克貝格少將。（海軍歷史中心–NH103855）

霍洛韋上將、亨利‧季辛吉與副總統喬治‧H.W.布希在一起。（選自霍洛韋私人影集）

一九八六年一月，作爲總統反恐辦公室執行主任，霍洛韋上將向羅納德·雷根總統和喬治·H.W.布希副總統彙報工作。（選自霍洛韋私人影集）

二〇〇〇年十月二十日，海軍學院院長約翰·瑞恩中將在一次爲海軍學院優秀畢業獎章獲得者舉行的閱兵儀式上向霍洛韋上將問好。（選自霍洛韋私人影集）

二〇〇二年，在陸海軍摔跤比賽結束後，國防部部長唐納德‧H.拉姆斯菲爾德爲霍洛韋上將舉辦了一個他本人沒有料到的生日宴會。（選自霍洛韋私人影集）

作爲海軍歷史基金董事會主席，霍洛韋上將坐在喬治‧杜威用過的桌旁。一八九九～一九一七年，喬治‧杜威是海軍總務委員會主席；一九〇三～一九一七年，喬治‧杜威晉升爲海軍元帥。（海軍歷史中心NH103859-KN）

第8章

海軍作戰部部長：項目管理

一九七四年九月，國防部部長詹姆斯·施萊辛格決定，通用動力公司的F-16型機在下一代輕型戰鬥機方案中勝出，批准對其進行批量生產以裝備部隊。海軍則更鍾愛諾斯洛普公司的F-17型機，決定對其繼續進行改進，以滿足海軍下一代戰鬥攻擊機的需求。作為海軍作戰部部長，我批准了F-17型機的升級改進計畫，這就是後來的F-18型機。F-18型機相對F-17型機作了重大改進，使其能搭載航母進行全天候作戰，並能掛載「麻雀」III型空空導彈。雖然這個決定是我撇開海軍部部長單獨做出的，但這也的確在我軍事職權範圍之內。

開始，國會議員大多要求一種通用的輕型戰鬥機，這樣就能降低研發項目的開支。我反駁道：「海軍對使用起重機上下航母的戰鬥機不感興趣，無論它有多便宜。」如同一九六〇年要求海軍裝備F-111戰鬥機一樣，國會堅持要求兩個軍種通用一種輕型戰鬥機。國防部部長辦公室也強迫海軍裝備F-16型機。到了第二年春天，這個要求幾乎就要變成事實了。空軍部部長約翰·麥克盧卡斯就打電話給我，他的聲音之大似乎要讓我和在他辦公室內的兩名空軍上將聽得足夠明白：「將軍，空軍負責管理F-16型機項目。我要告訴你，我們不會因為海軍要求而在飛機上加裝過多的東西。這是空軍的輕型戰鬥機，我們堅持這樣認為。」

到了四月，情況變得嚴峻了。海軍F-18型機項目沒有獲得國防部的批准。國防部要求海軍採購F-16型機的改型機。對此，鼓吹最為積極的是國防部的文

職分析師「親愛的」邁爾斯。他是「戰鬥機黑手黨」分子，長期監督海軍航空兵的事務。

對此，我向施萊辛格提出申述，他同意會像基層法官一樣聽取控辯雙方的言辭。海軍作戰部部長代表海軍，里昂納多・蘇里文則為F-16型機辯護，此人長期對航母持反對立場。

一九七五年四月，會議在施萊辛格辦公室召開了。會議計畫在下午一點三十分開始，沒有規定結束時間，直到雙方把話講完為止。最終決定由施萊辛格做出。海軍部部長只被允許帶兩名助手，原因是會議室空間有限。我讓海軍計畫主任湯姆・黑沃德中將和海軍航空系統司令部司令肯特・李陪我一道與會。他們兩人都是經驗豐富的海軍戰鬥機飛行員。當我們三人來到國防部部長辦公室時，我們吃驚地發現，裡面擠滿了人——里昂納多・蘇里文、查克・邁爾斯，以及其他分析師、工程師和財務專家等。這樣的陣容似乎是想在氣勢上壓倒海軍。會議的第一階段是關於F-16型機上艦適應性的長時間辯論。我告訴他們，海軍的試驗顯示，F-16型機在著艦時，尾噴管多次碰撞甲板。國防部部長辦公室則認為，這個問題能通過提高著艦速度和飛行員技能予以解決。接著，我們討論了替代方案的成本以及為所有軍種提供單一型號戰鬥機的可行性。

海軍作戰部部長是唯一支持海軍意見的人。當我抱怨F-16型機作戰半徑過短，會使航母艦載機聯隊的打擊半徑減小幾百海裡時，里昂納多・蘇里文竟然告訴國防部部長，海軍執行打擊任務本屬多餘，航母應該只干反潛、掩護兩棲登陸之類的活。

我等國防部部長辦公室項目評估辦的那幫人說完之後，才開始反擊。我說，F-16型機缺乏全天候作戰能力，不適合充當航母艦載機。聽完我的話後，會議室變得死一般的寂靜。施萊辛格說道：「請再說一遍並進行解釋。」我指出，F-16型機只掛載AIM-9空空導彈，這種導彈只能在氣候條件良好的情況下使用。在雲霧天氣，只有AIM-7「麻雀」III型這樣的雷達制導導彈才能使用。

F-18型機在設計時就考慮了雷達制導系統和適應這種導彈的重型掛架，而F-16型機如不經重大改裝是無法攜帶這種全天候導彈的。對此，施萊辛格還不敢相信。他讓蘇里文解釋。接下來是一陣寂靜，然後是一片竊竊私語。邁爾斯跳出來說道：「大多數情況下，也許是在三分之二的情況下，氣候條件都適合AIM-9導彈的使用。我們為什麼要假設敵人偏要在氣候不好的時候應戰呢？」

我回答，如果敵人知道在雲霧天氣我們的空中防禦能力不佳的話，他們肯定會選擇在這種條件下進攻。辯論結束了。儘管又經過了半個小時漫不經心的討論，但是關於在F-16型機加裝「麻雀」III型導彈的建議再也沒人提出了。

當雙方闡述完各自的觀點後，國防部部長宣布休會。他讓我一個人到他裡間的辦公室談。「將軍，」他說道，「你得到了你想要的F-18。」停了一會兒，他補充道：「項目評估辦的人從來沒有對我提及F-16在全天候作戰方面的缺陷。」一九七五年五月二日，國防部宣布，海軍獲准發展F-18型機。

F/A-18始終是海軍的首選機型。作為航母艦載戰鬥攻擊機，它兼顧A-7攻擊機和F-14戰鬥機的性能，從而能用一種飛機取代兩種機型，這樣就能賦予艦載機聯隊在使用方面極大的靈活性。按照戰術需求，航母一次最多可以出動50多架攻擊機或50多架戰鬥機。根據設想，每艘航母搭載4支F/A-18中隊，而F/A-18型機維護的時間只是F-14型機的三分之一，這樣一來，飛機的維修保障工作就變得更加簡單了。F/A-18的早期型號在阿富汗戰爭和二〇〇三年「伊拉克自由」行動中依然表現優異，而F/A-18E和F/A-18F型機的服役，更是極大地提升了艦載機聯隊的作戰能力。

愛德華・泰勒和潛艇母艇

一九七六年夏，我已擔任海軍作戰部部長兩年時間了。兩年裡，我在國會參眾兩院的武裝部隊委員會合撥款委員會就海軍相關事務出席了一系列的聽證會，內容涉及戰略、核動力、海基彈道導彈和衛星太空偵察等。因此，當我的

行政助理約翰・波因德克斯特上校告訴我，「氫彈之父」愛德華・泰勒想和我談論一件高度機密的項目時，我並不感到驚訝。泰勒建議單獨會面，不帶任何助手或專家。我吩咐波因德克斯特在我的辦公室裡爲我和泰勒準備一次午餐，我要與他交流一個小時，以前我並不認識此人。

泰勒是一位風度翩翩的老先生，樂觀而禮貌，口音渾厚，具備人們印象中科學家的那種聰明但又健忘的特徵。我剛入座，他就直入主題地對我說，他此行的目的是向我提出一個對於海軍未來十分重要的建議。他認爲，海軍應該發展一支大型潛艇艦隊，這種潛艇可以作爲母艇搭載小型高速潛艇在水下活動，如同航母搭載艦載機一樣。他建議，這種潛艇要以核動力推進，並要有充足的內部空間容納小型潛艇及其艇員。母艇的航程應足以深入遠洋，使小艇能在規定的作戰半徑內完成戰略任務。母艇在大洋深處能釋放小艇，小艇僅由一到兩名艇員操縱。小艇要完成的任務與現在「洛杉磯」級潛艇遂行的任務類似，但「洛杉磯」級潛艇上卻有100多名官兵。按泰勒的設想，這些小艇的航速要足夠快，最好要超過100節。他的想法使我大吃一驚。據我對流體動力學的瞭解，潛入水中的物體，如潛航的潛艇、吃水較深的大型艦船，甚至一枚魚雷，在最高航速方面都是有極限的。迄今爲止，在我們所有的武器試驗中，水中武器能達到的最高航速只有40節。就算是純理論研究，也承認水中物體存在速度極限。

泰勒繼續談其構想，認爲要發展大量的這種戰術潛艇，在20～30艘左右，能以100節的航速運動，執行偵察、監視、反潛、反艦和破交任務。這就好比搭載航母的艦載機。他沒有談及這種潛艇使用什麼反應堆，也沒有提出潛艇和推進系統的具體設計方案。泰勒的想像非常精彩，但卻沒有考慮到設計、建造和使用方面的可行性。他認爲，他提出了一個好建議，但具體的操作要留給裡科弗和海軍造船師們去解決。我搞不明白，爲什麼泰勒認爲現有的裝備應予被替換，而他的建議卻更好。我肯定，他是對有一種能在水下飛馳的「戰鬥機」潛艇著迷了。我也搞不懂，作爲一名物理學家，他難道不知道現有的科技水平最多只能使這樣的水下「戰鬥機」的航速達到50節嗎？

泰勒走後，我得出這樣一個結論：天才不管在專業領域有多麼聰明，他不可能對其他任何事務也一樣智慧，甚至是對一些常識性的東西。在工作中，我經常會遇到這些與眾不同的人。當這些天才對其鮮有涉足的領域提出建議時，我總是時刻保持清醒。

儘管如此，隨著科技的持續進步，一些新的發明還是超出了一般人的想像。我與泰勒談話後不到一年，俄國科學家就發明出一種高速水下運動物體，一種超空泡導彈，能以250多節的高速航行，我們的設計師對此甚至從未敢想過。這種導彈的俄文名字為「咆哮」（Shkval），一九七七年就服役了，但一直對外保密，我是近兩年才知道它的存在。

不過，與泰勒關於潛艇母艇搭載、釋放和回收一支潛艇小艦隊設想相近的研究項目，是二〇〇六年美國海軍從事的研究項目之一。

今天的攻擊型潛艇或戰略潛艇能充當潛水母艇，攜帶的是無人潛航器（UUV）。目前，這些潛航器主要用於在高危險水域或瀕海淺水區執行監視、偵察和探雷任務。

雖然是無人潛航器，但是的確與泰勒的設想有相似的地方，我不得不承認泰勒比我原先想像的更高明。

福特總統和CVAN–71航母

一九七六年秋，我任海軍作戰部部長已經兩年，福特總統召我前往白宮。我被引進總統的私人辦公室。總統身著襯衫與一些內閣成員以及總統預算顧問在一起。福特總統在任何場合都顯得很親切，儘管這是一次穿襯衫打領帶的正式工作會議，他還是禮貌地請我就座，接著會議就開始了。「將軍，」他說道，「你難道不認為我們在本財年需要添置一艘航母嗎？」

「是的，我們需要。」我回答道。

「你難道不認為我們需要一艘大型航母嗎？」

「是的，我們需要大型的。」

「你難道不認爲這是一艘核動力航母嗎？」

「是的，核動力的。」

「你有什麼建議？」

「一艘『尼米茲』級航母，總統先生。」

「我同意，這會被列在本年度預算中。」

　　福特總統清楚地知道他在說什麼。他曾在諾福克出席了「尼米茲」號的服役典禮，在講臺上，他多次提及「尼米茲」號的性能，並將其與自己二戰時服役過的「蒙特利」號航母作了比較。不幸的是，當吉米・凱爾贏得總統大選勝利之後，他的政府反對任何建造航母的計畫，反對國會關於在1977財年預算中新建一艘大型核動力航母的議案，並否決了整個國防授權法案，因爲該法案包括建造一艘航母。

約翰・麥凱恩

　　一九五八年，在我擔任負責航空兵事務的海軍作戰部副部長鮑伯・皮爾瑞中將的行政助理時，小約翰・西德尼・麥凱恩上將是海軍在國會的總聯絡官。那時，麥凱恩還是一名海軍少將，在工作方面卓有成效，對於海軍作戰部部長阿利・波克上將關於海軍的項目計畫，他總能在國會進行積極宣傳和游說。一九七二年，越南戰爭期間，約翰・西德尼・麥凱恩成爲了太平洋總部司令。

　　一九五八年，他的兒子約翰・西德尼・麥凱恩三世從海軍學院畢業，隨後接受了飛行訓練。越南戰爭期間，他是航母上A-4「天鷹」攻擊機的飛行員，在戰鬥中他的飛機被擊落了。作爲戰俘，他拒絕越南民主共和國以其受重傷爲由將他遣返回國的安排，從而贏得了全體美國人的敬意。越南民主共和國本想用太平洋總部司令兒子的遣返來表達一種善意。當時，太平洋總部司令可是指導越南戰爭的高級指揮員。麥凱恩少校卻公開表示，他不會接受遣返，除非所有

的戰俘都能獲釋。

　　我在國防部曾經擔任過負責航空兵事務的海軍作戰部副部長的行政助理，這段經歷使我明白，國會事務辦公室的地位和作用是多麼重要，該辦公室一名稱職的負責人在促使海軍項目計畫獲得國會支持方面是多麼關鍵。這個人非常特殊，既像一名外交官，又像一名公共事務官；既要有智慧，又要有資深的海軍作戰背景。雖然，關於海軍項目計畫，國會事務辦公室主任在國會是個人發言，但他卻代表海軍作戰部部長的立場。對於小約翰・西德尼・麥凱恩少將的工作能力，我相當佩服。他對海軍的需求解釋得非常到位，他的言辭也富有邏輯性。最稱職的國會事務辦公室主任不但要有豐富的部隊經歷，還需具備靈活的頭腦來處理國會內部複雜的關係。鑑此，年輕軍官能在國會事務辦公室任職，可算是一種寶貴的經歷。出於此考慮，我吩咐我的行政助理約翰・波因德克斯特上校，等約翰・西德尼・麥凱恩三世少校傷癒康復歸隊之後，就讓其到國會事務辦公室上班。

　　有一天，我無意中詢問波因德克斯特關於麥凱恩的情況，他卻告訴我，海軍人事局已讓麥凱恩到海軍航空系統司令部報到去了。對此，我感到非常意外。我希望此事能按我的設想迅速而又平穩地予以解決。我打電話給海軍人事局局長吉姆・沃金斯中將，但他去視察部隊了。他的副手告訴我，根據研究，他們認為目前的崗位最適合麥凱恩。當時，我並未過多考慮，直接要求海軍人事局副局長把麥凱恩的調令進行更改，將其調配到國會事務辦公室。這位少將副局長回答道：「長官，我們已經下達了調令，如果要更改的話，動作很大。」幸好，這只是一次電話交談，如果是面談的話，我可能會發脾氣。我直接命令道：「將調令重寫、重發，明天必須下達。」接著，我就重重地掛上了電話。結果，約翰・西德尼・麥凱恩三世少校去了國會事務辦公室上班，日後的工作表現證明他很稱職。他在國會事務辦公室的崗位上從海軍退役，成為了一名眾議員，後來又成為了亞利桑那州參議員和總統候選人。作為國會議員，麥凱恩三世始終關心和支持海軍航空兵事務，特別是

對航母，他的興趣從未泯滅過。

水面艦艇核動力推進政策

自從從裡科弗的艦船局海軍反應堆管理處學習歸來後，我與裡科弗上將的關係就處得不錯了。裡科弗很幽默，但一般人對此卻不瞭解，因為他總是太忙而不易接近。但是我卻與這位老先生保持了良好的關係，並能與他交談幾句，還可以使他那飽經風霜的臉龐露出幾絲笑容，這也許是因為我聽過他的課吧！當我成為海軍作戰部部長後，我們的關係也沒有什麼實質的改變。他說話還是那麼直接。當然，他意識到，我已擁有了較以往大得多的權利；他也意識到，需要到我辦公室來彙報他的項目計畫。他感到，我是第一位對核能有一定瞭解的海軍作戰部部長，我較先前的部長們更能聽懂他在說什麼，而先前的部長們對裡科弗上將的態度都不夠友好，無論他們之間是否早已相識。

裡科弗想見我時，總是會讓其辦公室預約。裡科弗一般會提前半小時至45分鐘趕到，然後就坐在海軍作戰部部長辦公室外的祕書室，與年輕的祕書們閒聊，裡科弗的幽默會把大伙逗樂，特別是那些海軍婦女預備隊人員。當他進入我的辦公室後，他談的卻都是關於工作的事情。通常，他會把他在水面艦艇核動力方面的高級工程助理戴維‧萊頓帶在身邊。

一九七六年五月，我們出現了一次嚴重的分歧。那時，沒人質疑核動力在航母上的應用問題。核動力航母能以高速在大洋中航行，抵達世界任何海域，中途不需要停下來進行加油和補給，並能在航行中遂行空中作戰，在距目標600海里處發起空中進攻，這種空中作戰能全天24小時不間斷地進行。核動力航母的裝載量巨大，有充足的航空燃料和彈藥，在接受補給前，能在陣位上堅持活動10天到兩星期的時間。核動力航母的反應堆加注一次燃料可以工作一五年，因此不需要攜帶推進燃油，所以就有更多的空間裝載航空燃油和武器裝備。問題出在其他核動力推進的水面艦艇上，如驅逐艦和護衛艦，它們一般編入航母

特混編隊遂行護航任務。第一艘核動力護航艦艇是美國海軍「班布里奇」號，該艦是阿利‧波克上將在「鸚鵡螺」號核潛艇試驗成功後推出的首個核動力水面艦艇計畫的一部分。一九六二年，「班布里奇」號竣工。該艦排水量8600噸，當時卻稱爲導彈護衛艦（後來改稱爲巡洋艦或CGN）。接著，又有7艘核動力水面艦艇完工。一五年過去了，核動力在護航方面缺乏效能的問題開始浮現。存在有很多問題，但突出的問題在於核動力驅逐艦較燃油推進的普通艦船花費太大。有人質問核動力到底能帶來什麼好處，而且發展核動力水面艦艇也影響到了核動力航母的建造，這就爲國防部和國會中反對核能的人提供了政治上的口舌。

在論證核動力驅逐艦時，裡科弗與眾議院武裝部隊委員會海上力量分會都認爲，特混編隊應該全部實現核動力推進。這樣，1艘核動力航母就需要1艘核動力巡洋艦和4艘核動力驅逐艦支援。當核動力航母「企業」號從諾福克繞非洲跨過印度洋部署至東京灣時，護航的水面艦艇是「班布里奇」號核動力巡洋艦。由於中途不需要補充燃料，這兩艘軍艦以平均30節的高航速從美國東海岸駛往東南亞。儘管如此，當「企業」號編入第77特混編隊開始實施空中作戰行動時，有了新情況。因爲火砲在使用過程中有損耗，在越南執行對岸砲擊任務的軍艦就需要經常輪換。這就意味著，「班布里奇」號也要加入遂行對岸火力支援任務的砲擊戰列線，使用其3英寸艦砲進行轟擊。這時，對「企業」號的護航任務則由常規動力的驅逐艦擔負。開始時是否用核動力水面艦艇護航區別不大。此外，還有一些其他的航母艦長以及在他們艦上的編隊指揮官也要求「班布里奇」號加入他們的編隊，他們編隊裡的軍艦當然是常規動力的。之所以如此，很大一部分原因是他們認爲有核動力軍艦加入編隊是一件值得炫耀的事情，也是一種特殊的經歷。

問題出在華盛頓。當國會舉行關於建造新一艘核動力航母的聽證會時，對核動力持反對意見的人宣稱，如果海軍要有全核動力特混大隊的話，就沒有錢再造航母了。因爲，1艘航母需要4艘核動力的護航艦。當時，海軍的計畫是將

常規動力的航母全部替換爲核動力的。至於護航艦，海軍則還有足夠的常規動力驅逐艦來充當。但是，反對者卻以1艘核動力航母加上4艘核動力驅逐艦的開銷來計算1艘核動力航母的花費。這當然耗資巨大。我曾在「企業」號上擔任了兩年艦長，並率艦在越南投入戰鬥。對我而言，建造費用爲現役常規動力艦艇兩倍的核動力軍艦來進行護航，實屬不必要的浪費。一九七六年五月，我簽發了一份發往全海軍的文件，闡述海軍作戰部部長關於核動力在新艦製造方面的政策。主要內容是：第一，未來所有潛艇都應該是核動力的；第二，未來所有航母都應該是核動力的；第三，出於效費比考慮，未來不再建造核動力水面戰鬥艦艇。

我在文件草擬的過程中，就將內容告知裡科弗，一開始他就感到不滿。當文件簽發後，裡科弗找到了他在國會的朋友。結果，還沒到24小時，就有國會海上力量分會的議員打電話給我，質問我爲什麼忽略裡科弗的意見。裡科弗的觀點是，未來所有的驅逐艦和巡洋艦都要實現核動力推進。我向他解釋，用核動力軍艦來護航我們負擔不起，這樣就沒有錢來建造核動力航母了，沒有了航母，護航的核動力軍艦也發揮不了什麼作用。海軍關於核動力的分歧很快見諸媒體。一九七六年六月七日出版的《美國新聞與世界報道》雜誌，在封面以大幅標題將裡科弗與海軍作戰部部長的爭論公布於眾。雜誌頭版報道稱，海軍作戰部部長，爲了在參議院獲得支持，最近向數名重要的參議員發出了信件，內容如下：「問題在於國會應該聽誰的意見，是聽作爲對現在和未來海軍戰備工作負全責的最高長官海軍作戰部部長的意見呢，還是聽裡科弗上將的意見。海軍作戰部部長的意見可是得到了海軍部部長和國防部部長乃至總統支持的。」

裡科弗的影響力不可忽視。我的好朋友和好搭檔、海軍作戰部副部長鮑伯‧龍上將私下就問我，我是否應該給裡科弗寫一封道歉信。我回答：「爲什麼，因爲我是海軍作戰部部長嗎？」可是，裡科弗通過海上力量分會，說服了眾議院武裝部隊委員會，要求眾議院通過一項74億美元的預算案，用以建造24艘新艦，其中2艘是核動力導彈巡洋艦。海上力量分會最早由裡科弗創建，並習

慣於在國會宣傳裡科弗的觀點和意見。儘管如此，參議院否決了核動力巡洋艦項目，轉而支持建造新型的DDG-47常規動力驅逐艦。一九八○年，該級艦被重新定爲導彈巡洋艦。兩個不同版本的國防預算案需要重新統一。我與裡科弗及各自的支持者出席了一場聽證會。結果，海軍作戰部部長的意見最終勝出。從此，關於只建造核動力航母和潛艇的海軍政策得以牢固樹立。

斯托克戴爾少將的面試

　　一九七七年，吉米・凱爾總統領導的民主黨政府就職，國防部的高層官員全部被替換。國防部部長是哈羅德・布朗，他曾擔任過空軍部部長和負責採購的國防部助理部長。國防部副部長則由一名顯赫的商人——可口可樂公司的前總裁查爾斯・鄧肯擔任。

　　在大選結束到新總統就職這段過渡期內，國防部內以拉姆斯菲爾德部長爲首的共和黨人士採取各種手段竭力保住自己的影響力。拉姆斯菲爾德部長在非正式場合，找了幾名將領談話，稱會告訴新一屆政府，他認爲國防部裡軍人的影響力太大，不符合文官治軍的原則。在他看來，軍隊的高級將領，如海軍作戰部部長、陸戰隊司令以及陸軍和空軍的參謀長們，遇事向軍種部長和國防部部長等文職首長請示和彙報還不夠主動。拉姆斯菲爾德部長還稱，他將把這種情況告訴他的繼任者哈羅德・布朗。拉姆斯菲爾德認爲，加強文官對國防部控制的首要條件是，掌握將領的任命權。

　　在所有高級將領的記憶中，我任海軍作戰部副部長和部長時，只要任命一位三星中將或四星上將，軍種首長都要先與軍種部長溝通，推薦一名合適的人選。只有在軍種首長和軍種部長對候選人都無異議的情況下，任命狀才能擬定，並送交給國防部部長批准。極少數情況下，海軍作戰部部長與海軍部部長在人選方面會產生分歧，而國防部部長否決人事決定另尋他人的情況就更少。

　　在哈羅德・布朗接任國防部部長後不久，他通知軍種首長們，對於晉升

三星中將或四星上將，要採取一種新的人事任命程序。需要指出的是，軍人要晉升為三星中將或四星上將，要有空缺的合適崗位，而非先將某人提升為中將或上將，然後再找位置。如果有中將或上將的崗位空缺，那麼各軍種就會被要求推薦候選人。人選要麼在平級的將領中調配，要麼就晉升一位兩星少將。中將在其崗位上一般幹上兩到三年，然後就要交班。之後，這名中將要麼被提升為上將，要麼到另外一個中將級的崗位工作，要麼只能到一個少將級的崗位任職。否則，這名中將只能退役。但是，很少有中將在交班後願意到少將崗位任職的。

哈羅德·布朗則建議，有中將或上將崗位空缺時，只要是聯合職務，由國防部部長本人親自決定哪個軍種推薦人選接任。長期以來，有些職務的人選明顯是由本軍種自己決定的，如中將銜的海軍作戰部副部長以及上將銜的大西洋艦隊潛艇部隊司令。對於聯合職務，如歐洲總部副司令，可以由任何軍種擔任，因此國防部部長有權指定某一軍種推薦候選人。在大多數情況下，少將或中將崗位的任命權，掌握在本軍種手裡，軍種高級將領的選拔也通常是軍種首長和軍種部長共同決定的。

開始，布朗提議，擴大候選人的範圍，當有中將或上將崗位空缺時，要求軍種至少推薦4名，最好推薦6～8名候選人。推薦要附有候選人的詳細檔案材料和清晰的彩色照片。從中，國防部部長會親自挑選並指定人選，如大西洋艦隊潛艇部隊司令。

對此，軍種參謀長感到失望，公開反對這項計畫。他們指出，多數情況下，國防部部長並不認識候選人，無法全面瞭解候選人的個人品質和資質，也不知道候選人在各自軍種和專業圈內的影響力和人氣。而對於海軍作戰部部長和副部長而言，他們和候選人及其家庭的聯繫最少保持了十年。正如一名軍種首長所說的戲言，我們不僅認識他們的現任妻子，還認識他們的前妻。但是布朗的態度很堅決。他稱，在商業領域，高級運營官都是首席執行官親自挑選的，而國防部的文職官員很多都來自商界，他們有能力在一堆文件中鑑別和挑

選合適的人選，知道如何評估候選人的實力和潛力。對此，我相當反對。根據
法規，海軍的將官人數在各軍種當中是最少的，大約250名，而陸軍和空軍各有
400多名。我告訴布朗，一次提名4～5名候選人競爭一個中將或上將的位置在海
軍沒有操作的可行性，有資格升任上將的人本來就很少，這種資格取決於個人
的特殊經歷、訓練水平、社會背景和工作技能。對於上將崗位而言，候選人需
要有過硬的專業能力、豐富的閱歷並在軍種內部享有崇高的威望，海軍適合擔
任此職的人選在任何時候都不會很多。對此，布朗卻全然不顧，他還反駁道，
他和他的助理部長也許會比軍人更能發現候選人的資質，因為軍人與候選人
「太過熟悉了」。最終，國防部部長的在人事選拔方面的建議成為了國防部的
一項政策。

這個政策的第一次嘗試運用在對海軍戰爭學院院長的選拔上。這是一個中
將級的崗位，只有那些既具備豐富的作戰經歷，又有深邃思想的人才能勝任。
很快，海軍作戰部部長和海軍部部長就共同推出了一個人選，海軍少將詹姆
斯·斯托克戴爾，他是越南戰爭中的英雄。戰爭中，斯托克戴爾被俘。在戰俘
營裡，他組織戰俘抵制任何違反《日內瓦公約》的審訊，為此慘遭毒打，導致
骨折並影響了他日後的行動能力，傷殘非常明顯。斯托克戴爾在公眾中享有較
高的聲望，他曾獲得過榮譽勳章，電視節目也對他進行過多次報道，他寫的一
本書還被《紐約時報》評為最受歡迎的書籍之一。之所以如此，是因為他在獄
中英勇反抗並致殘的事蹟贏得了人們的敬意。

4名候選人的材料被送到了國防部部長辦公室。這些材料中，斯托克戴爾的
優勢是相當明顯的。他不僅是越南戰爭中譽滿全軍的「奧里斯坎尼」號航母艦
載機聯隊的指揮官，還是斯坦福大學的優等研究生。

國防部部長告訴我，出任海軍戰爭學院院長的首要人選是斯托克戴爾少
將，他或是助理部長要對斯托克戴爾進行面試。斯托克戴爾按時赴約，在面試
時，他穿著藍色制服，掛滿了獲得的勳章。面試進行了大約45分鐘，但並不是
由布朗部長組織的。面試結束後，面試負責人打電話給我，他認為斯托克戴爾

少將的事蹟感人，的確是海軍戰爭學院院長的最合適人選，海軍要堅持這項決定，簽發命令讓斯托克戴爾就職。在談話快要結束時，面試負責人問道：「吉姆，有一件事我不太明白，為什麼他要拖著胳膊蹣跚地走路呢？」

關於政府高官發掘陌生人資質和潛能，並將其任命為高級將領的故事就講到這裡為止吧！

國防部部長布朗與核動力航母

一九七七年二月，我擔任海軍作戰部部長已三年，經歷了三任總統和三任國防部部長。現在是凱爾總統和哈羅德‧布朗部長。雖然，凱爾總統在海軍服役的時間很短，但他自認為非常瞭解海軍，並且對航母沒有什麼好感。為了準備1979財年預算，我計畫到參議院撥款委員會軍事分會出席聽證會。這個委員會雖然規模不大，卻是國會山上最有權力的機構之一。會議定於十點開始，我被告之海軍部部長格雷厄姆‧克萊特和國防部部長布朗要陪我一同出席。我不知道我們三人是按事先的計畫被安排在一起，還是他們兩人自作決定與我同行，以免我說錯話。

先前，國防部部長辦公室通知我，關於航母的問題會被提出，而布朗部長要確保我理解總統的立場，政府沒有立即建造一艘新航母的計畫，在1979財年預算中肯定沒有此項目，未來建造的航母也可能只是常規動力的小型航母。如果我被問及航母的問題，以上就是我要回答的內容。

在聽證會舉行的那天，海軍部部長克萊特讓我坐他的車去參議院，他與我的關係非常不錯。我想，這可是我們溝通的好機會，我並不想讓別人告訴我應該如何去說。克萊特還挺有紳士風度，一路上他並未提及聽證會。我們談論了海軍的總體情況，對於我應該在會上說什麼，他倒是沒有向我施加任何壓力。

在聽證會中，一名資深的參議員問我：「將軍，我們在預算案中沒有看到航母項目，你對此不關心嗎？」我回答，我向海軍部部長提交的預算中包括一

艘核動力航母，但是在預算審查時被剔除了。這名參議員又問：「依你所見，你是否希望在總統的預算中能有航母？」我回答，是的。

接著，這名參議員轉問國防部部長：「對於在1979財年預算中列入航母項目，你有什麼看法？」

「我們不同意霍洛韋上將的觀點，」布朗部長說道，「你應該明白，他只是海軍作戰部部長，而我們更需要照顧全局。我們的看法是，現在不需要一艘新航母，但是不排除在將來建造一艘新航母。」

「未來的航母是什麼類型的？」參議員問道。

「我們認為，應該是一種較小的、非核動力的、可能是供短距/垂直起降飛機使用的航母。」布朗部長回答。

「霍洛韋上將，」參議員問道，「你對布朗部長的觀點持什麼立場？我要聽你的真實想法。」

「參議員，」我回答道，「我只想重複在過去三年裡我一直堅持的觀點。毫無疑問我贊成在預算中編列一艘新的核動力航母，而不是在未來建造什麼小型常規動力航母。」

休會後，布朗部長讓我與他一起回國防部。布朗部長非常有紳士風度，他沒有在車上發火，只是對我說道：「吉姆，你沒有如我們所希望的那樣支持總統的預算案。」我回答：「部長先生，在聽證會作證，軍種首長有權利和義務根據專業知識實事求是地回答國會的提問。」布朗對我說，對此他以前聞所未聞，他要與法律總顧問商量這件事情。

一九七七年二月十七日，《華盛頓郵報》刊出了這樣的文章：「今天，國防部部長哈羅德·布朗宣稱，政府已簽署計畫，在未來不建造大型航母。他的決定遭到了海軍最高軍事首長的反對。海軍作戰部部長詹姆斯·霍洛韋三世上將告訴眾議院撥款委員會的一個分會，他在支持政府立場的同時，『我個人的想法是，寧可在今年的預算中列入一艘核動力航母，而不想在將來什麼時候建造兩艘小型航母。』」

關於軍種軍事首長是否有義務在國會表達個人專業觀點的問題，布朗部長後來也沒有再向我提及。但是，我卻讓海軍法律總顧問打電話向全軍法律總顧問辦公室咨詢。得到的回答是，我所做的沒錯。

對於航母，凱爾總統態度堅決。他把航母項目從福特總統的1978財年預算中剔除，在1979財年預算中則完全沒有航母計畫。但是國會卻在1979財年預算中加上了一艘核動力航母，凱爾因此否決了整個預算。第二年，國會又在1980財年預算中編列了一艘大型核動力航母，凱爾再一次將其否決。不過，此時國會已經通過了「撥款和授權法案」，推翻了凱爾的否決，將核動力航母又列入預算中。這艘新造的航母就是「西奧多·羅斯福」號。二〇〇二年，該艦在阿富汗戰爭中創造了一項紀錄，那就是連續作戰241天，中途不停靠港口。

這件事關乎個人的信譽。我在十年中一直宣傳大型核動力航母是最佳選擇，設想一下，如果突然改口稱小型常規動力航母更好的話，那些參議員會怎麼想？

戰鬥群的組建

一九七七年九月十四日星期六，十一點三十分，我坐在五角大樓的海軍作戰部部長辦公室裡。星期六上午，我習慣去辦公室處理那些棘手的並且要軍種首長作最終決定的事情。我已完成了一天的工作，在收聽星期六的壘球賽實況轉播。這時，波因德克斯特（他後來成為雷根政府的國家安全顧問）走了進來，告訴我還有一件事情需要處理：一份冗長的重要文件，實際上是朱姆沃爾特時期遺留下來的。文件建議，所有艦艇部隊參謀機構的組織形式都應完全相同。換句話講，負責兩艘航母和兩個艦載機聯隊行政和作戰控制的航母支隊參謀機構，與負責8艘驅逐艦控制的驅逐艦中隊參謀機構，在組織形式方面要完全一樣。這就意味著，驅逐艦部隊的參謀也要擁有航母部隊參謀所具備的豐富的空中作戰、情報方面的知識和經驗。這個建議的可行性並不大。航母部隊將軍

級的指揮官在旗艦上有一個30人的參謀班子，而驅逐艦中隊或支隊上校級或准將級的指揮官只有一個6人的參謀班子，這些人都是驅逐艦作戰方面的專家。此前，我已研究過這份文件。這次，需要最終做出決定了。我讓約翰把文件放進我的公文包，我要在週末進行仔細地思考。

星期日早上，我一般要留一些時間來思考問題。我展開一張白紙，邊寫邊思考目前艦隊中作戰參謀的情況，以及我們真正需要什麼樣的參謀。每次發現問題，我都感到不是孤立的問題。我們艦隊的組織形式明顯已過時了，不能適應美國海軍的使命任務需求：「準備在海上實施速決戰和持久戰，奪取和保持海上優勢，在聯合作戰中利用海上優勢向岸投送力量打擊敵人。」但是，在一九七七年，我們的艦隊是按艦種進行編組的，如航母、主戰水面艦艇（巡洋艦和驅逐艦）、護航艦艇、潛艇、兩棲艦船以及支援艦等，而不是按遂行戰略或戰術任務需求進行任務編組。

艦隊作戰的主要力量仍然是快速航母特混編隊，由1艘攻擊型航母和4～6艘為航母護航的主戰水面艦艇組成。這不能最大地發揮特混編隊的效能。實際上，航母的艦載機，如F-14戰鬥機，是用來掩護整個特混編隊的，包括水面戰鬥艦艇和航母。

我從國家戰略層面開始思考。當時，我們與蘇聯的冷戰正處在高峰期。海軍的主要使命是奪取和保持海上優勢，從而能控制對美國安全至關重要的海域，如越南戰爭中的東京灣、韓國周邊的日本海等。海上控制實質上是為了保證海軍航母打擊群和兩棲部隊能向陸投送力量，同時確保海上交通線的安全與暢通，使我們的空軍和海軍能到海外部署。但是，當時我們艦隊的組織形式與二戰結束時沒有太大區別，那個時候日本和德國對美國的海上控制權已構不成大的威脅。但是到了二十世紀七〇年代，僅在數量規模方面，蘇聯海軍已是我們的兩倍，這是為了挑戰美國的海上優勢而組織起來的。

我們需要的是一種能應對冷戰對手軍事和政治威脅並能真正進行戰鬥的組織。因此，大西洋艦隊和太平洋艦隊應該被編成戰鬥艦隊。這些戰鬥艦隊由

戰鬥群組成，每個戰鬥群編有1艘航母、2艘巡洋艦、4艘驅逐艦和1艘核動力潛艇。戰鬥群的任務是：第一，根據軍事戰略指導，遂行攻勢行動，奪取和保持特定海域的控制權；第二，由海向陸投送力量。

星期一上午，我到了辦公室後，拿著我的草稿，向艦隊司令們宣布了我的設想，解釋了戰鬥艦隊的組織形式，並要他們發表意見。波因德克斯特建議我將其形成正式文件。到了星期三，海軍所有高級將領都看過了我的設想，兩洋艦隊的司令也給了我回話。我的觀點被普遍接受，兩洋艦隊司令也敦促盡快將設想付諸實踐。

就這樣，我的設想變成了政策指導，並在週末前下發到了各單位。在這件事上，我沒必要與海軍部部長和國防部部長協商，規定海軍部隊作戰方面的程序是海軍作戰部部長的職責。文件的主要內容如下：

（1）艦隊作戰部隊的組織形式應能反映美國海軍的使命、功能、角色和運用。其中，最主要的是，在海上威脅日益嚴重的情況下，保持美國及其盟友的海上優勢。艦隊的組織形式要適應正在變化的海上力量平衡，要符合目前美國海軍的戰術和戰略概念。

（2）根據美國法律，海軍的使命是在海上實施速決戰和持久戰，支持國家政策。實際上，海軍要保證美國持續的海上優勢，就要求海軍挫敗任何對我們持續自由使用公海造成威脅的企圖。因此，美國海軍的基本任務是海上控制，這就意味著要對特定海區的水面、水下和上空進行控制。但這並不意味著要對世界所有的海域同時進行控制，而是有選擇地在需要的時間對所需要的海域進行控制。海上控制通過打擊並摧毀威脅美國及其盟友的敵機、敵艦和敵潛艇來實現（或通過威脅進行摧毀來實現）。海上控制是所有海軍行動和任務的先決條件，如兩棲作戰和對陸上部隊進行支援等。

（3）為了有效履行國家軍事戰略賦予的使命任務，美國海軍作戰部隊的艦隊作戰編組形式要進行調整，以組建戰鬥群。

（4）美國海軍的指揮關係鏈將繼續從總統和國防部部長開始，到參聯會，再到聯合司令部和專業司令部，最後到海軍部隊司令。這些海軍部隊司令也是大西洋艦隊和太平洋艦隊的總司令。海軍部隊的作戰部隊是編號艦隊，由處於戰備狀態的軍艦組成。這些軍艦可以進行部署來完成海軍作戰目標。在編號艦隊中，航母、驅逐艦、護衛艦和潛艇組成海上部隊，在海戰中與敵人的海軍交戰。在編號艦隊中，這些艦艇要編為戰鬥艦隊和戰鬥群，這是一種常設的任務編組形式。

（5）戰鬥艦隊是常設的作戰特混編隊，編號艦隊中的航母、水面戰鬥艦艇和潛艇都要編入其中。戰鬥艦隊下轄戰鬥群。

（6）戰鬥群是合成的特混大隊，能在海上遂行攻勢作戰，應對敵人多維的海上威脅。一支戰鬥群就是一個特混大隊，包括1艘航母、2艘巡洋艦、4艘其他水面戰鬥艦艇和1～2艘潛艇。這些艦艇在任務區內共同進行反潛、反艦和防空作戰。

（7）同樣的一支戰鬥群，在奪取海上控制權後，能靈活運用艦載機聯隊在目標地域建立空中優勢，使用攻擊機、遠程導彈和艦砲打擊陸上目標。這樣，海軍部隊就可以擺脫敵人的制約，完成其他海上任務，如反水雷、兩棲突擊以及輸送陸軍和空軍部隊上岸。

戰鬥艦隊概念成了海軍艦隊作戰編組的基本組織形式，效果明顯。在二〇〇四年之前，這種組織形式持續運轉了二六年而未作任何修改。二〇〇四年，根據《二〇〇二年四年防務評估報告》和「總統轉型計畫」，海軍將艦隊重新編組為打擊群。這種打擊群由航母、陸戰隊直升機母艦在驅逐艦、巡洋艦和潛艇的支援下組成。

組建戰鬥艦隊也許是我作為海軍作戰部部長對海軍做出的最大貢獻。通過它，海軍實現了兩個主要目的。第一，這一組織形式真實反映了美國國會頒布的法律中賦予海軍的使命任務。使用這一稱謂，能清楚地向海軍官兵以及國

會、國防部和參聯會說明海軍的作用和使命，能提高部隊的合成程度，更有效地執行聯合戰略、計畫和作戰任務。

第二，戰鬥艦隊指揮官的任命不再受專業的限制，而取決於這些將領的作戰經歷、戰鬥技能和判斷能力。這樣，無論是潛艇指揮官、水面艦艇指揮官還是航空兵指揮官都能被選拔爲戰鬥群的指揮官。航母特混編隊司令也不再僅限由海軍航空兵指揮官擔任了。這樣就可以使所有的指揮軍官有機會指揮航母行動，從而讓他們更加瞭解航母的性能以及海軍航空兵在遂行海軍任務時的作用和地位。

我堅信，消除艦隊作戰部隊中的專業隔閡和界限，可以擴大將航母視爲當今海軍核心主力的共識。

第一號海戰條令出版物

一九七八年春，我和海軍作戰部部長辦公室開始考慮接班人的問題。海軍作戰部部長的法定任期爲四年，除非在緊急狀態或戰時，不得延期。我將在六月交班，要盡快確定後備人選。海軍部部長、國防部部長和總統都希望我盡早做出決定。最初，我就傾向於湯馬斯・B.黑伍德上將，他不僅經驗最爲豐富，而且根據我個人在軍中作的調查，他的人氣和呼聲最高。

對於我自己，有傳聞稱我會競爭參聯會主席的位置，這個職務將在一九七八年六月一日進行交接。海軍部部長鼓勵我參與競爭，參聯會主席喬治・布朗上將告訴我，我是他的第一和唯一的人選。陸軍參謀長已經放棄參選，海軍陸戰隊司令則還不夠條件。這樣，就剩下空軍參謀長戴維・瓊斯上將和我有機會接任參聯會主席。戴維正爲此努力活動。

當然，我也很想得到這個位置，但是很明顯，凱爾總統和哈羅德・布朗部長不看好我，因爲我在發展大型航母方面持不妥協立場。我明白，在國會作證時，我是多麼地不討人喜歡。但是，我堅信，爲了海軍的發展，以及忠於自己

的專業知識，當時我不會有別的選擇。

有趣的是，一九七六年，在福特政府時期，我被告知被推薦爲海軍作戰部部長的候選人，因爲我馬上就要接替喬治・布朗上將出任參聯會主席。那時，他似乎沒有希望再次連任一屆爲期兩年的參聯會主席職務，因爲他在北卡羅來納大學發表了一場頗具政治爭議的演說。最終，白宮決定，淡化此事，以免被指對非政治性的崗位任命施加政治影響。

一九七八年，除了考慮競選參聯會主席，我將主要精力集中在梳理作爲海軍作戰部部長所負責的項目和計畫方面。特別是，我要把海軍的需求變爲可能，要啓動從方案到實踐的過程。例如，滿足艦隊對艦艇和飛機的數量需求和質量需求。戰鬥艦隊的組建是第一步，接下來還有很多事情要去做。

我經歷了三場戰爭，當了四年的海軍作戰部部長，如果沒有從經驗教訓中積累些什麼的話，那簡直是虛度光陰。就如先前指出的那樣，海軍作戰部部長若能推出帶有自己觀點的條令出版物，則能在後人的心目中留下深刻的印象。當然，已經有很多條令了，如《海軍航空戰術飛行條令》（NATOPS）。在海軍作戰部長這一層次，儘管條令出版物較少，但對海軍總的價值觀和方法論方面卻有深刻的影響。

戰鬥艦隊的組建足以使我留名，但這也只是涉及艦隊層面。在我看來，海軍基本戰略概念則是一本更爲永恆的條令出版物。這能使我作爲海軍作戰部部長在海軍中久負盛名。

我把這本條令命名爲《第一號海戰出版物：美國海軍戰略概念》（NWP-1）。開始，我列出了提綱，然後安排海軍作戰部部長辦公室的一名年輕軍官負責撰寫。他寫得很好，但是我還是覺得，若要把自己三五年海軍生涯的經驗總結成冊，最好還是自己親自動筆。接著，我就幹了起來。

我是利用晚上時間，在波拖馬可大樓A區海軍作戰部部長的寓所內，用鉛筆手寫《第一號海戰出版物》的。別人也許會認爲寫作是一件麻煩的事情，但我卻將其視爲一種休閒。我能把自己長期思考和積累的想法寫出來。在寫作過

程中，我會徵求波因德克斯特的意見，他的鼓勵使我受益匪淺。

一九七八年六月就要臨近了，我要著手與湯姆・黑伍德進行交接，《第一號海戰出版物》我已經寫完了大部分內容。我希望這些文字能給未來海軍的決策者提供一些有益的指導。已完成的部分包括：第一部分「海軍部隊的作用」；第二部分「海軍作戰部隊的運用原則」。

我認為，最有價值的部分已經寫完。於是，我就把剩餘的部分交給負責計畫和政策事務的海軍作戰部副部長比爾・克羅中將來完成，他日後也成為了參聯會主席，並在克林頓政府時期出任美國駐英國大使。最後，他的下屬將這些文字與其他海戰出版物一道印刷出版，並下發全海軍。

多年以後，一九八五年，我收到了一份白宮寄出的官方文件，名為《美國國家安全戰略》，由雷根總統國家安全顧問辦公室撰寫。那時的國家安全顧問是波因德克斯特中將。他在隨文件寄來的信中稱：「這份文件起源於『第一號海戰出版物』。」

二〇〇六年六月二十七日，海軍研究中心在華盛頓舉辦了一場主題為「美國海軍戰略：過去、當前和未來」的研討會。在會上，「第一號海戰出版物」又一次受到關注。研討會介紹了那些闡述美國海軍戰略的官方出版物。其中，《第一號海戰出版物：美國海軍戰略概念》是最早出版的，它是第一份闡述戰略基本問題的「海戰系列」官方文件，自一九七八年首次出版以來，進行了更新和完善，目前，仍然是羅德島紐波特海軍戰爭學院的基本教科書之一。

　　一九七四年，海軍作戰部部長的兩項主要職責之一就是擔任參謀長聯席
會議成員。通常，參聯會成員首先被認為是整個軍隊的參謀長，然後才被視為
各自軍種的最高軍事首長，當參聯會作為一個整體召開會議時，表現得尤為明
顯。一九四七年《武裝部隊聯合法案》通過之後，在美國參與的歷次軍事行動
中以及面臨重大國家安全決策時，參聯會都扮演了總統主要軍事顧問的角色。

　　之所以如此，原因有很多。作為參聯會成員，軍種參謀長獨立於軍種部
長。比如我，作為海軍作戰部部長，在作戰指揮關係上直接隸屬國家指揮當
局──總統和國防部部長，海軍部部長則不在這條指揮鏈當中。作為海軍作戰
部部長，我只是就海軍部的行政事務向海軍部部長負責。

　　參聯會參與最高層次的國家安全政策事務。按規定，參聯會成員每週會面
三次，其中一次有國防部部長參加。福特總統和凱爾總統喜歡在白宮與參聯會
成員和國防部部長一道進行會談，通常以午餐的形式進行，這種會談3～6個月
至少舉行一次。有一次，凱爾總統來到國防部參聯會密閉無窗號稱「戰車」的
會議室參加了我們的會議。還有一次，他來到國防部參聯會指揮中心參加了我
們以全面戰爭為背景的參聯會指揮所演習。

　　當福特總統即將離任時，他和他的夫人貝蒂‧福特邀請參聯會成員及他們
的夫人一道參加在白宮舉行的私人宴會，除我們之外，受邀的唯一嘉賓就是國
防部部長夫婦。在那次宴會中，我記憶最深刻的是，福特總統邀請所有人的夫

人翩翩起舞，而我們也都有機會邀請貝蒂‧福特跳舞。

二十世紀七〇年代的參聯會與國防部部長唐納德‧拉姆斯菲爾德領導下的參聯會有很大的不同。在拉姆斯菲爾德的任期內，參聯會的權力被大大削弱了，以至於涉及使用核武器以及將核武器配發前線部隊這樣的重大決策，參聯會都不在國家指揮當局的指揮鏈當中。由於專業背景和人員支撐，這項事務本屬參聯會的職權範圍，可是在二〇〇六年，該權力卻被移交給國防部的文職官員。

現在與過去真的是截然不同。例如有一次，福特總統的國家安全事務顧問季辛吉建議與蘇聯簽署限制核武器條約，企圖以我方放棄巡航導彈為代價，換得蘇聯削減百萬噸級洲際彈道導彈核彈頭的數量，儘管該建議得到了國家安全委員會其他成員的支持，但參聯會持反對態度，結果福特總統拒絕了該建議。還有一次，凱爾總統準備在一九七八年的國防預算案中削減90億美元，但是在參聯會認為預算削減不會降低軍事能力之前，總統根本無法推動該預算案。

我任參聯會成員期間，參聯會每星期在「戰車」開三次會。開會時，每名參謀長都會帶上各自的助手，一般是一位來自計畫、政策或作戰部門的中將軍官。如果軍種參謀長不能參加會議，那麼該軍種的副參謀長就要到會。在我任朱姆沃爾特海軍作戰部部長副手期間，我經常代表他出席參聯會召開的會議。這些經歷對我日後成為海軍作戰部部長出席參聯會有很大幫助。

每星期五，參聯會在「戰車」進行的會議，都有國防部部長參加，通常這個會議是閉門的祕密會議。國防部部長一般都是獨自前往，這樣就可以與參聯會成員進行坦誠的交談。通過這種形式，我們與國防部之間融洽了氣氛，增進了合作。

通常，參聯會不干涉各軍種內部的事務，這樣就可以避免相互間發生爭執，對於應對突發事件和危機而言，這點非常重要。在我的四年任期中，我找不出一起因為參謀長們不能達成一致而導致無法有效應對突發事件和危機的案例。

每年，參聯會都會出臺一份涉及全軍的文件。這是一份祕密文件，被稱爲《聯合部隊作戰計畫》。該計畫指導所有相關部隊實施經批准的參聯會戰爭方案。換句話說，就是列出保證我們戰爭方案得以順利實施所需的力量。這些戰爭方案可能同時被執行，也很可能是與蘇聯進行一場全面戰爭。《聯合部隊作戰計畫》由聯合參謀部起草，其中的設想不受預算限制。如在一九七八年，《聯合部隊作戰計畫》就提出，需要46艘攻擊型航母。

參聯會也負責監督各戰區的戰備水平，保證各軍種能爲戰場指揮員提供必要和充足的人力、裝備和後勤支援。發生危機時，參聯會制訂行動計畫，並將幾種方案報國家指揮當局供其選擇，最後把國家指揮當局的企圖和決心傳達至聯合司令部和專業司令部，並督促各司令部予以執行。

那時，參聯會的成員包括三軍的軍事首長——陸軍參謀長、海軍作戰部部長、空軍參謀長、海軍陸戰隊司令（開始陸戰隊司令只是在涉及陸戰隊事務時才參加，後來才成爲一名常任成員）和參聯會主席。參聯會不設副主席，主席由成員中資歷最深的人擔任。同時，參聯會主席也是一些盟軍組織的高級領導，如北約、東南亞條約組織等。參聯會主席這一身分定位，使其要經常出席這些組織舉辦的會議。他的出現，對於表明美國的領導地位以及對盟國的支持，具有實質上的重大意義。

當主席赴歐洲或東南亞出席會議時，參聯會中的一名軍種首長就會暫時履行主席職責。代理主席也要聽取每日由聯合參謀部組織的參聯會情報和作戰彙報，在工作時間能進入主席的辦公室，休息時也可以在主席的休息間活動。參聯會主席在任期內大約有20%的時間不在位，代理主席制度保證了國家指揮當局指揮鏈的連續和暢通，同時也便於軍種首長們更好地履行參聯會職責。

「馬亞圭斯」號事件

一九七五年五月十二日，美國希蘭德海運公司集裝箱貨船「馬亞圭斯」號

在暹羅灣距柬埔寨海岸60海里處正常航行。該船的航線距波羅威島不到8海里，柬埔寨、泰國和越南都聲稱對該島擁有主權。

　　突然，幾艘小型砲艇，包括3艘美制快艇從波羅威島竄出，並發射了一發76公厘砲彈，砲彈從「馬亞圭斯」號船首上空穿過。「馬亞圭斯」號船長被勒令停船，接著柬埔寨武裝人員登上了「馬亞圭斯」號。期間，「馬亞圭斯」號船長通過國際遇險頻道向外報告，船隻遭海盜劫持。

　　「馬亞圭斯」號被劫持時，參聯會主席喬治‧布朗上將正在歐洲參加北約會議。按規定的順序，發生危機時，參聯會主席一職暫時由空軍參謀長戴維‧瓊斯上將代理。當接到「馬亞圭斯」號被劫持的報告後，聯合參謀部立即著手準備由瓊斯上將主持召開的參聯會會議。由於缺少必要的情報，對於該做什麼以及如何應對，沒有確切的把握。瓊斯只能帶著參聯會掌握的非常有限的情報去白宮參加了國家安全委員會會議。

　　而我當時則離開華盛頓去參加聯邦俱樂部在波士頓舉行的一個午餐會，並準備發表演講。我是乘坐由海軍A-3噴氣式轟炸機改裝而成的要員專機飛往洛根機場的。我提前抵達，因為我還要先參觀一下正在波士頓訪問的一艘蘇聯驅逐艦。當我結束參觀蘇聯軍艦，剛走下舷梯時，第二艦隊司令的一名上尉參謀湊了上來，告訴我，國防部部長給我來了保密電話，我必須到第二艦隊旗艦上去回電話。當時，第二艦隊的旗艦也在波士頓港停泊，那是離我最近的可以使用保密電話的地方了。

　　我立即沿碼頭趕往那艘作為旗艦的重巡洋艦，登艦後我來到指揮室。電話另一邊是國防部副部長威廉姆‧克萊門茨接的，他以其一貫使用的直接語氣告訴我，盡快趕回華盛頓。他還告訴我，總統對於瓊斯上將作為代理參聯會主席處理「馬亞圭斯」號事件的表現不太滿意，他們要我回來代理主席一職。於是，我說服第二艦隊司令代我出席聯邦俱樂部餐會並替我發表演講。然後，在波士頓地方警察的護衛下，我連忙趕往洛根機場，再乘坐A-3專機直接飛往安德魯斯空軍基地。國防部副部長威廉姆‧克萊門茨在機場接我，我們一道乘坐他

的專車前往白宮。路上，他向我介紹了簡要情況。

顯然，總統對瓊斯處理危機的表現是相當不滿意的。首先，瓊斯前往白宮出席國家安全委員會會議遲到了。他的理由是，他彙報用的照片沒有準備好。接著，按比爾‧克萊門茨的說法，瓊斯不是向總統提出行動建議，卻問總統想要參聯會主席做什麼。結果，福特再也不想讓瓊斯代理主席了，而是讓克萊門茨找我接替。

在離開華盛頓前往波士頓前，作為海軍作戰部部長，我採取了預防措施，命令「珊瑚海」號航母以及其他在南中國海活動的美國軍艦立即前往柬埔寨附近海域，「珊瑚海」號航母當時正在從日本前往澳大利亞的途中。

在從安德魯斯空軍基地前往白宮的途中，我使用車載保密電話接通了國家軍事指揮中心，以便獲得事態進展的最新報告。結果，並沒有什麼新的消息和情報。抵達白宮後，我經直前往內閣會議室，福特總統與內閣中的重要成員正在開會。我被要求介紹一下參聯會的意見。我解釋道，我忙著趕路，還沒有與其他參聯會成員碰面，但我已與聯合參謀部聯繫過了，我的意見是立即向事發地附近派遣部隊，以便在必要時使用；隨著相關情報的增多，我們會越來越瞭解「馬亞圭斯」號船員的情況，我們要將最具效能的特混編隊派往事發地，根據情況選擇行動方案；我們不能等到各種情報齊全後再進行兵力部署，速度就是關鍵。福特總統立即同意了我的建議，吩咐我馬上趕回國防部進行相關部署。在回去的路上，我使用車載設備，與參聯會成員進行了電話會議，向他們介紹了白宮會議的情況。經過短暫的討論，他們一致同意我的計畫。聯合參謀部則制訂出了一個先頭部隊部署方案。參聯會成員一致認為，部隊調動要加快，聯合參謀部要立即制訂幾個預案，根據美國船員的情況，選擇使用。

第二天，福特總統又召集國家安全委員會到白宮內閣會議室開會。作為參聯會代理主席，我陪同國防部部長施萊辛格前往白宮向總統彙報。我彙報道，參聯會連夜召開了會議，儘管情報稀缺，我們還是命令太平洋總部司令向事發地附近集結兵力，包括「珊瑚海」號航母，該艦改變了訪問澳大利亞的計畫，

正以高速向預定海域航行；第三陸戰師的第一和第二登陸部隊正從沖繩轉移至泰國烏塔堡空軍基地；空軍空中憲兵突擊隊快速反應部隊也正部署至烏塔堡空軍基地；美國海軍護衛艦「哈羅德‧E.霍爾特」號（DE-1074）和驅逐艦「亨利‧B.威爾遜」號（DDG-7）正從印度洋高速前往孔泰島附近，該島距柬埔寨海岸大約30海里，「馬亞圭斯」號正在該島錨泊，距船隻被劫持點不遠。

此外，太平洋總部司令還派出戰鬥機和偵察機對「馬亞圭斯」號錨地進行不間斷的觀察。一架海軍P-3「奧里安」巡邏機留空，充當空中指揮所，而多架空軍F-4戰鬥機和海軍A-7攻擊機則以接替輪換的方式在周圍空域盤旋。偵察發現，有多艘美制快艇和大量當地漁船在附近活動。當有船隻試圖向「馬亞圭斯」號接近時，美軍戰機就使用機砲對準船頭進行警告射擊，將其驅散。期間，有3艘快艇被擊沉。

總統在國家安全委員會上表示，「馬亞圭斯」號事件發生在一個非常敏感的時期；美國在東南亞的影響力正處於低谷，越南共和國已落入共產黨之手，而柬埔寨也在四月二十五日陷落。福特認為，對「馬亞圭斯」號事件做出強硬回應實屬必要，一方面為了避免再次出現針對美國商船的類似事件，另一方面則是重新豎立美國在東南亞的影響和權威；「馬亞圭斯」號已經成為了美國在世界海上交通線上享有自由航行權利的象徵；此次劫船事件，就和海盜行徑一樣，絕不可以容忍。

當天，總統與國會領袖們舉行了小組會議，國防部部長施萊辛格與我在會上向議員們介紹了情況，總統對「馬亞圭斯」號事件表示了嚴重關切。當天下午，參聯會在研究了太平洋總部司令的建議後，權衡再三，擬訂了一個三路突擊計畫。「哈羅德‧E.霍爾特」號並靠「馬亞圭斯」號，陸戰隊隊員將從「哈羅德‧E.霍爾特」號上登臨「馬亞圭斯」號。使用直升機滑降陸戰隊隊員的方案也曾被考慮過，但最終放棄了，因為傷亡的風險很大。陸戰隊登臨小組成員來自菲律賓蘇比克灣海軍基地，受過特殊的訓練；一個營級規模的陸戰隊登陸部隊將乘坐直升機對孔泰島發動襲擊；「珊瑚海」號航母上的艦載機聯隊將對

磅遜港的柬埔寨空軍基地進行懲罰性空襲，懲戒和威懾在動盪不安的東南亞地區中任何危害美國利益的企圖。五月十四日17時45分，福特總統正式宣布，採取軍事行動，行動將在12小時後開始。

五月十五日黎明，陸戰隊搭乘直升機登陸孔泰島。交火相當激烈。占據有利地形的紅色高棉部隊從叢林中加固的掩體裡向外發射迫擊砲彈，使用機槍進行掃射，擊落了1架直升機，並導致第二架直升機落地墜毀。

接著，在8時整，「哈羅德·E.霍爾特」號靠上了錨泊的「馬亞圭斯」號。陸戰隊隊員通過繩梯登上了「馬亞圭斯」號，卻發現船上空無一人。隨陸戰隊隊員登船的商船自願者立即前往機艙和艦橋，對船進行控制。5分鐘後，船上的應急發電機起動了。錨鏈被砍斷。8時20分，陸戰隊隊員在船上升起了美國國旗。8時45分，「哈羅德·E.霍爾特」號拖帶「馬亞圭斯」號起航。

大約在9時，1艘泰國漁船突然出現，接近為陸戰隊襲擊提供火力支援的「亨利·B.威爾遜」號驅逐艦，39名「馬亞圭斯」號的船員就在這條漁船上。至此，解救船隻和船員的行動結束。

但是在孔泰島，戰鬥還在繼續。陸戰隊隊員被紅色高棉部隊的火力壓制得動彈不得。第一波中，陸戰隊隊員只有三分之二登陸，在機槍和迫擊砲的火力下，有1架CH-53直升機被擊落，還有1架CH-53直升機嚴重損毀。第二波CH-53直升機被驅散，不得不返回烏塔堡重新加油和編組。直到7時30分，180名陸戰隊隊員中只有109名登島，並且還分散在3處不同的地點。11時30分，又有100名陸戰隊隊員登陸了。按計畫要投送250名陸戰隊隊員，但只有4架直升機可供使用。

在增援部隊即將抵達孔泰島時，得到了「馬亞圭斯」號及其船員獲救的消息。參聯會與太平洋總部司令通過專用指揮通信設備經過簡短協商之後，我立即向總統建議，盡快從孔泰島撤出陸戰隊隊員。對此，福特總統予以批准。20時30分，整個撤退行動完畢。

「馬亞圭斯」號事件之後，在福特總統的任期內，只要喬治·布朗上將不

在位，就由我代理參聯會主席。福特總統不贊同代理主席一職由參聯會成員輪流擔任。因此，我必須調整我的日常活動安排表，以便布朗不在位時，履行代理參聯會主席一職。在福特總統任期剩下的時間裡，我有大約20%的時間是在代理參聯會主席。

我這段任職經歷最重要的意義也許在於，使《戈德華特-尼科爾斯法案》獲得通過，有先例可循。該法案要求設立參聯會副主席一職，以確保在參聯會主席不在位時，指揮的連貫和有序。

「伐木巨人」行動

一九七六年八月十八日，華盛頓特區的政治事務特別繁多。總統傑拉德‧福特與國務卿兼國家安全顧問亨利‧季辛吉離開首都前往堪薩斯城出席共和黨全國大會，大會準備推舉福特爲即將舉行的總統大選的共和黨候選人。國防部部長唐‧拉姆斯菲爾德剛接受了甲狀腺手術，正在康復中。參聯會主席喬治‧布朗上將在歐洲參加北約例行會議。作爲海軍作戰部部長，我臨時代理參聯會主席。

當天下午，國防部的日常工作被駐韓美軍司令迪克‧史迪威上將的緊急電報打斷了，接著整個華盛頓的所有政府部門都被這則消息震驚了。史迪威報告，兩名美國陸軍士兵在非軍事區被朝鮮士兵當眾殘忍殺害。朝鮮毫無緣由地主動襲擊美韓聯合巡邏部隊，這在原先還沒發生過。史迪威命令駐韓美軍進入全面戒備狀態。他在報告中警告，這次突發事件可能引發對駐韓聯合國軍的全面進攻。而史迪威的情報人員卻無法判明朝鮮人的意圖和目的。

消息很快傳開了。原來，在非軍事區內，植被生長茂盛，影響了從南方觀察了望的視野。根據停戰協定，南北雙方在非軍事區內都有無遮擋觀察的權利，也有移除任何遮擋障礙物的權利。這次，有一棵楊樹的枝葉擋住了聯合國軍兩個哨所相當大的一片視野。因此，駐韓美軍司令就派遣了一隊工兵前往

非軍事區準備將遮擋視野的大樹砍掉。事前，朝鮮駐板門店的代表已被正式通知，美國會派遣一支巡邏隊去砍樹，這支巡邏隊沒有武裝，士兵只攜帶斧頭和鋸子。於是，9名韓國士兵、2名美國軍官以及4名美國憲兵就組隊前去砍樹。開始，非軍事區內相當平靜。突然，1名朝鮮中尉帶著7名士兵走到兩名美國軍官跟前，沒說任何理由，就要求停止砍樹。這兩名美國軍官都是陸軍工程部隊的中尉，美國人對此要求予以拒絕。於是，1名朝鮮衛兵急忙跑過邊界，回到北方境地。當他再趕回時，還帶來了一卡車的朝鮮兵。突然，1名朝鮮軍官大叫：「殺死他們。」話音剛落，朝鮮士兵就跳到了兩名美國軍官跟前，把他們兩人往死裡打。在場美國和韓國軍人都被這一突如其來的事變嚇呆了，當時朝鮮人在數量上占有絕對的優勢。經過短暫的搏鬥後，美國人和韓國人開始逃跑，他們是通過鐵絲網上的一個小門逃回南方的。美國陸軍對在非軍事區內的活動都會被錄下來，兩名美國軍官的顱骨被朝鮮人用美國人自己攜帶的斧頭劈開的影像就這樣被完整地記錄了下來。

當事件的詳細情況報告給華盛頓時，福特總統和季辛吉國務卿正好不在，當時與總統聯繫的唯一通信方式是非保密電話。顯然，通過非保密電話，無法對情況進行研究和決策。我們通過非保密電話向總統選擇性地彙報了部分情況。福特總統指示國防部副部長威廉姆‧克萊門茨立即召集華盛頓特別行動組開會，並與總統和季辛吉保持聯繫。

這次華盛頓特別行動組會議由中央情報局局長喬治‧布希主持，比爾‧克萊門茨代表國防部，我作爲代理參聯會主席代表參聯會，季辛吉的副手布蘭特‧斯考克羅夫特將軍代表國家安全委員會，菲利普‧哈比卜大使代表國務院參加。

在出席華盛頓特別行動組會議之前，我在參聯會的保密會議室已經召集參聯會成員開了一個會，向他們簡要地介紹了一下情況。同時，我將太平洋戰區的戰備等級（DefCon）由平時的5級調高至3級，全球其他地方的美軍則進入4級戰備（在美軍中，1級戰備代表戰爭，5級戰備則是和平時期的正常情況）。

此外，我還命令列出所有可以立即投送至朝鮮半島的部隊，以便在必要時進行武力威懾，甚至是投入戰鬥。除此之外，我不能作更多的決定，只有等國家指揮當局定下決心後，進一步地行動才能開展。

當天下午，華盛頓特別行動組一直開會到18點，對於朝鮮的意圖還是沒有摸透。由於沒有保密的通信設備，華盛頓特別行動組只能派遣一名白宮的侍從官去找總統，當面彙報情況，並決定在十九日上午再次開會。

在回國防部的路上，我在車上告訴比爾·克萊門茨，參聯會計畫增兵朝鮮半島，希望他能授權。預置更多的部隊可以應付複雜的情況。雖然比爾不願意將事態升級，但他卻認為參聯會的判斷和決策是值得信任的。於是，他授權參聯會必要時變更軍隊的部署，提高戰備水平。不過，我們也要採取防範措施，防止我們的行動被對方解讀為主動挑釁。

十八日晚，參聯會又進行了會議。會上決定，考慮到可以動用的部隊，可以立即採取的有效措施就是從沖繩嘉手納空軍基地派出一個由24架F-4「鬼怪」戰鬥機組成的空軍飛行中隊，以及從美國本土派遣一個由20架F-111戰鬥機組成的空軍飛行中隊，增援駐韓美軍，美國本土飛來的戰機中途會進行空中加油；而駐關島的B-52轟炸機群則要飛往緊挨朝鮮南部邊界的戰略轟炸靶場進行演訓。這些活動可以被朝鮮的雷達清楚地看到。在日本橫須賀港訪問的「中途島」號航母及其護航艦艇立即以高速前往非軍事區附近的韓國東部海域，航母上的戰鬥機和攻擊機有50多架；太平洋戰區的戰備等級繼續保持在3級水平。採取這些措施不會被對方認為是過於挑釁，這正是克萊門茨和哈比卜最關心的問題。

第二天，也就是八月十九日，駐韓美軍司令迪克·史迪威上將給我打來了保密電話，討論美國應採取的應對舉措。史迪威上將是一位嚴厲的沙場老將，與我有私交，也是我崇敬的人。他建議，立即授權他派遣配備重型武器的步兵帶上工程兵返回非軍事區進行武裝巡邏，將原先要移除的樹砍掉。我們都認為，除此之外，我們沒有其他更好的方式進行回應。美國要堅持住，做我們下

定決心要做的事情。否則，就會顯得信心不足，而朝鮮則會視我們為軟弱，從而鼓勵他們做出更多的挑釁行為。儘管如此，我還是要向史迪威解釋，我已向華盛頓特別行動組保證過，參聯會在得到總統批准之前，不會做出任何被對方視為威脅和挑釁的舉動。

十九日中午，華盛頓特別行動組在國防部內克萊門茨部長的辦公室再次召開會議。克萊門茨重申了自己的立場，那就是美國要避免做任何可能激怒朝鮮的動作。他認為，史迪威關於重新派出巡邏隊去砍樹的建議過於冒險，但這個建議卻得到了參聯會的支持。我們依然摸不透朝鮮的真實意圖。當天下午的討論集中在尋求別的應對措施上。克萊門茨部長受其助手影響甚大，他的助手是一名陸軍中校，曾經在駐板門店的憲兵部隊服役，因此他的建議份量很重。中校建議，我們可以在一個裹屍袋中填滿燃燒彈，然後用一架直升機將袋子投放在那棵樹的邊上，再用曳光彈將其引燃，將樹燒毀。按照這個建議，我們不派地面部隊進入非軍事區就可以將那棵樹除掉。克萊門茨雖然承認這個建議頗有想像力，但是考慮到計畫的非同尋常，以及需要在非軍事區使用直升機和燃燒彈，最終這個設想還是被放棄了。接著，比爾·克萊門茨轉向問我：「我們為什麼不從你的軍艦上發射1枚導彈把那棵樹炸毀呢？」我連忙解釋，我們的導彈還沒有如此高的精度，搞不好就會把朝鮮的觀察哨炸了。

會議直到下午很晚的時候才結束，沒有做出任何決定。我依然傾向於參聯會合史迪威的建議，派遣工兵重新進入非軍事區，用斧頭和鋸子把樹砍掉，同時再派一隊配備重型武器的步兵對工兵進行護衛，直到工兵的任務完成。這本來就是我們要做的事情，而且根據停戰協定，我們也有權這樣做。上次，我們是非武裝進入非軍事區的，但是朝鮮人把我們趕了出來，還殺害了美國陸軍的兩名軍官。如果我們不繼續把砍樹的任務完成，就是不負責任地示弱。但是克萊門茨卻認為，在缺乏詳細情報的條件下，這樣做的風險太大。在他看來，這樣做可能導致朝鮮人用武力加以反對。他稱，在真正搞清朝鮮人意圖之前，我們應該按兵不動。哈比卜大使是著名的政府官員，我們在一起有過很多次愉

快的合作，這次他與克萊門茨的意見相近，他認為，在雙方火氣消退之前，不要輕舉妄動。他還暗示，他在華盛頓特別行動組的責任就是防止偏激決定的產生和危險計畫的實施。對此，我卻認為，除非美國迅速採取行動做出反應，否則我們就會失去主動權。等待只能給朝鮮人他們早就期待的機會，他們會利用這些機會用誇張的言辭和恫嚇來威脅我們，使大眾認為這全是我們的錯。我們是輸不起的。我們的榮譽和威信取決於我們是否能夠堅定無畏地行使我們的權利。

八月二十日上午，我與迪克・史迪威又通了一次長時間的電話，當時他的情緒有些激動，要求立即獲得授權派部隊進入非軍事區，把那棵樹砍掉。他表示，是否這樣做對部隊的士氣影響很大，部隊普遍認為自己人被趕出了非軍事區，而進入非軍事區本是應享有的權利，所以應返回去，準備戰鬥，完成任務關乎軍隊的榮譽。我將昨天華盛頓特別行動組的開會情況向史迪威作了通報，我還向他保證，參聯會將盡一切努力說服國家指揮當局，盡快採納和執行我們的建議。我也讓史迪威相信，朝鮮人動用武力的可能性很小，先前對非武裝巡邏隊的襲擊只是一次不期的偶然事件。我們兩人都認為，接下來最危險的莫過於我們毫不作為或者是採用美國陸軍人力以外的方式將樹移除。這樣，就會顯示美國的虛弱，以及缺乏保衛韓國盟友的決心和意志。

二十日早上，我與克萊門茨和斯考克羅夫特再次會面。哈比卜大使事實上已將其在華盛頓特別行動組的權利完全委託給了克萊門茨，只是偶爾出席一下會議。我極力要求克萊門茨向總統建議，立即在當天下午（朝鮮時間）派出武裝巡邏隊，把樹砍掉。再等下去不僅是示弱的表現，而且會將主動權拱手讓與朝鮮人，這樣朝鮮人就可能利用我們的被動製造更多使我們難堪的事件。對此，克萊門茨依舊表示反對，堅持要求等摸清朝鮮的意圖後，再向總統提出建議。於是，我要求他，只要與總統建立了安全保密的通信渠道，就讓我把我的建議報告給總統。我們要讓總統知道華盛頓特別行動組存在兩種截然不同的處理態度。比爾同意我的想法，也希望能立即得到總統的指示。

二十日下午，僵局被打破了。季辛吉給參聯會作戰室打來了保密電話，當時我正在裡面與其他參聯會成員開會。當時，季辛吉還在堪薩斯城的會議大廳，正坐在總統的身旁，想聽華盛頓特別行動組的意見，他準備向總統彙報。我向季辛吉說明，參聯會以及戰區司令的意見與代理國防部部長以及代理國務卿的意見完全不同。季辛吉聽完我的彙報後，立即表示：「我馬上向總統建議，向非軍事區派出一支重型武裝巡邏隊，用斧頭和鋸子把樹砍掉，請不要掛機，我立即向總統請示。」

很快，季辛吉與我又開始通話，他說：「總統指示參聯會命令戰區司令執行重返非軍事區計畫，要有足夠的掩護部隊，把樹砍掉。總統還要求，駐韓美軍和聯合國軍充分戒備，應對朝鮮可能採取的反制措施。」

我立即把總統的決定通知了參聯會其他成員，並給史迪威去了電話。我們決定，行動在當地時間10時開始（華盛頓時間21時），還有4小時。史迪威則稱，他的部隊已做好各項準備，可以應對各種意外情況。我告訴他，參聯會成員會坐在作戰室內監督他們的行動，代理國防部部長也會參加，此次行動代號是「伐木巨人」（Paul Bunyan）。

八月二十日晚21時，參聯會成員，以及負責作戰的聯合參謀部人員，齊聚作戰室。代理國防部部長克萊門茨也來了，他還帶來了國防部的幾名文職官員。與史迪威將軍的通話被接到了揚聲器上，作戰室內的大屏幕電子地圖顯示著太平洋戰區、朝鮮半島和非軍事區內的態勢。史迪威將軍乘坐在直升機上，他把直升機當做指揮所，指揮整個行動。史迪威將聯合國軍所有部隊的戰備等級調升為2級，這是除全面戰爭外最高的戰備等級。軍火庫被打開，武器彈藥發放至部隊，全體官兵全副武裝，子彈上膛。在非軍事區南部，美國陸軍一個步兵師在一個韓國師的支援下，進入陣地。矯射飛機和指揮直升機已升空盤旋。通信設備正在檢試，所有部隊都建立起了聯絡。預備隊也集結完畢了。

史迪威報告部隊準備完畢可以出發，士氣相當高漲。他向參聯會再次保證，朝鮮方面不會有武力對抗行為，儘管如此，他也做好了應對一切意外情

況的準備。H時（行動發起的時刻）正在逼近，參聯會作戰室內氣氛緊張。朝鮮人如何應對，我們不清楚。我們判斷，朝鮮人不會開槍射擊，但我們也意識到，他們是一群不可琢磨的奇怪的人，一丁點意外，哪怕是一次緊張走火，也可能會導致一場真正的戰鬥。

H時，也就是朝鮮時間10時到了，工兵在一支300人的重型武裝巡邏隊的掩護下，進入了非軍事區。他們徑直來到那棵楊樹邊，步兵連忙在周圍展開警戒，工兵則用鋸子拚命鋸樹，整個過程大約持續了20分鐘。隨後，他們退出了非軍事區。

在我們的巡邏隊進入非軍事區時，朝鮮人是怎麼反應的呢？當時，有大量朝鮮部隊聚集在非軍事區朝鮮一側的鐵絲網旁和觀察哨裡。他們並未展開戰鬥隊形，甚至沒有攜帶武器，他們顯然是非武裝的。非常明顯，朝鮮不想鬧事，因此謹慎行事，避免誤會合誤判。

克萊門茨部長對結果非常滿意。他對參聯會工作的緊張有序印象深刻，對華盛頓參聯會指揮中心與前線部隊的溝通協調能力大加讚賞。對於到場的其他國防部文職官員而言，好比是上了一堂課，使他們看到了美軍指揮系統在指揮軍事行動中是如何發揮效能的。行動中，前線指揮員與參聯會密切聯繫，如果需要支援，或是行動受挫，國防部隨時都能為戰區司令提供幫助。不到兩小時，事情就解決了：F-111機群準備跨越太平洋飛回美國本土基地，F-4「鬼怪」中隊第二天就會返航沖繩，B-52轟炸機則結束了在韓國戰略轟炸靶場的訓練，海軍「中途島」號航母編隊計畫返回日本橫須賀繼續進行訪問，艦上官兵準備上岸到東京休假。

第二天，華盛頓對該事件還沒有什麼反應。總統和國務卿季辛吉已經知道了事情的結果。我們需要做的就是準備一份詳細報告，等總統返回白宮時，再向他報告。

順便提一下，二五年之後，首爾的韓國國家電視公司與我聯繫，想對我進行採訪，談一下當年的「砍樹事件」。製片人向我解釋道，這件事，在韓國人

看來，是在朝鮮戰爭結束後，半島發生的主要危機之一。迪克·史迪威上將把事件的成功解決大部分歸功於參聯會的堅強領導和代理主席的英明果斷。這位製片人帶上工作人員來到美國，進入我家的客廳，拍攝了一段長達2小時的採訪我的記錄片。他們對美國盟友的支持表達了由衷的感謝，感激之情溢於言表。

季辛吉與巡航導彈

一九七六年初，傑拉德·福特總統正在竭盡全力求得總統大選提名，但是遇到了一位強勁的對手，那就是羅納德·雷根。因此，福特總統急切地想促成「第二階段限制戰略武器條約」（SALT II），以此來顯示他在軍備控制方面取得的成就。當時，季辛吉正在歐洲與蘇聯代表就此問題進行談判，季辛吉從維也納用電報發回了關於新條約內容的草案，這些草案他已初步認可。條約設想，禁止美國發展潛射型「戰斧」巡航導彈，限制發展艦載型「戰斧」巡航導彈，規定美國只能發展10艘載有「戰斧」巡航導彈的巡洋艦，每艘巡洋艦上的「戰斧」巡航導彈數量限定在10枚。

季辛吉關於條約草案的電報也被送到了國防部進行討論。國防部部長唐納德·拉姆斯菲爾德和參聯會主席喬治·S.布朗上將對條約草案表示同意。喬治·布朗找我協商，因為海軍是受該條約影響最大的軍種。我告訴他，海軍會堅定地反對該條約，「戰斧」導彈對未來海軍的發展至關重要。在我們的潛艇、巡洋艦和驅逐艦上配備防區外發射武器非常關鍵，這將提高艦艇在二十一世紀的進攻能力，從而使艦艇的使用壽命得以延長。

我告訴喬治·布朗，作為參聯會成員，我有權要求參聯會召開全體會議，對此事重新進行討論，以便達成正式決議。布朗同意召集會議，來統一參聯會在巡航導彈問題上的立場，然後再把參聯會的決議報給國家安全委員會，國家安全委員會將作最後決定。

但是，在會議即將召開的時候，布朗上將和拉姆斯菲爾德部長都離開華盛

頓到挪威奧斯陸參加北約部長會議去了。而此時，總統已讓國家安全委員會準備開會，正式研究季辛吉關於條約的草案。於是，在國防部部長和參聯會主席都缺席的情況下，國防部副部長比爾・克萊門茨代表部長，我作爲代理參聯會主席參加了會議。

我是在開會前很短的時間才得知國家安全委員會決定召開會議，所以在出發前往白宮前，只有不到1小時的時間來進行準備。我立即召集全體參聯會成員，結果只找到了陸戰隊司令盧・威爾遜上將。他認爲，我們在參聯會全體成員進行討論前，不能答應條約的內容。得知他的態度後，我感到獲得了支持，於是我代表參聯會前去參加總統主持的國家安全委員會會議。

福特總統首先發表講話，贊同條約的內容，認爲此時簽訂條約的政治時機相當不錯。福特總統環繞桌子走動，詢問每位代表的立場。我感到壓力很大。國家安全委員會的所有其他成員都贊同季辛吉建議的條約草案。我是總統詢問的最後一個人，他希望能從我這裡得到和布朗上將一樣的答案。但是，喬治・布朗就此問題並未召集參聯會進行商議，因此他的觀點只是他個人的立場，而不是參聯會的。我回答，我意識到總統對於簽訂條約的熱切期望，以及條約對國家的重要意義；但是代表參聯會，我只能說，我要關心的是，該條約對維護國家當前和未來的安全是否最爲有效；我認爲這並不是一個平等的條約，因爲它要求我們放棄在巡航導彈方面的關鍵軍事能力，換來的卻只是蘇聯導彈彈頭投擲重量的減少，這種減少在很短的時間就可以得以恢復和彌補；我肯定，巡航導彈在美國海軍中前途無量；我們將其視爲未來巡洋艦、驅逐艦和潛艇的主要武器，並且考慮將其裝備航母艦載機；我認爲，如果讓參聯會對條約重新進行評估的話，我們也不會同意簽訂這樣的條約。

總統明顯感到不快。不過，他還是很坦誠地對我說：「將軍，我咨詢你的觀點，你也把你的態度表明了，但是我還是要讓你再認真考慮一下，今天我們討論的問題相當重要。」我回答，我認爲參聯會是不會同意這個條約的，不過我也提醒總統要全面考慮各方的情況，包括國內政治領域、盟國的態度以及蘇

聯的反應等。「在參聯會保留意見的情況下，你也可以決定簽訂條約，」我繼續說道，「最終只能由總統做出決定。如果你認為條約可以簽訂，國家安全委員會就會批准。但是，等國會著手正式批准這個條約時，參聯會可以表達自己的意見和態度。那時，參聯會會說，我們不同意這個條約，我們已向總統表示過反對意見。」

聽完我的話，總統接著說：「除了參聯會，我們在場的每個人都贊同簽訂條約。但是，我必須說，在這類問題上，我不會反對參聯會的意見。吉姆，你是否可以回去和你的同事再商量一下？你要確保你的意見是代表參聯會所有成員的立場。我們今天下午四點再開會。」

當我回到五角大樓時，其他參聯會成員已在辦公室門前等我了。我們立即進入「戰車」召開祕密會議。與會的每一個人都認為，我們不應該拿巡航導彈作交易。我想，會上的其他人肯定會對不需要親自跑去向總統和國家安全委員會成員彙報參聯會的這個立場和態度而感到慶幸。

16時，國家安全委員會又在白宮開會。我重申，參聯會成員一致強烈反對簽訂這個條約。結果，會議暫停了。國家安全委員會工作人員立即向國務卿季辛吉彙報，參聯會反對簽訂條約，而總統則稱，沒有參聯會的支持，他也不會批准這個條約。

可以想像，我當時是多麼地不受歡迎。認為我做得對的只有軍備控制和裁軍署署長弗雷德·艾克和他的副手約翰·萊曼。萊曼後來成為了海軍部部長，他在其著作《制海權》中，對此事進行了詳細記錄。

很多年後，在一九八八年，我是長期綜合戰略委員會的成員，與季辛吉一起共事。一次，季辛吉私下對我說：「將軍，當時我對你是十分地厭惡。」我明白他指的是關於巡航導彈條約的那件事。我說：「我的國務卿，我知道你當時很討厭我，但我們做了應該做的事情。」他笑了起來，接著說：「哦，我也不能肯定你的決定是錯誤的。」

如今，「戰斧」巡航導彈已成為美國海軍水面戰鬥艦艇和攻擊型潛艇最

重要的武器裝備。也有彈道導彈核潛艇經過改裝將「三叉戟」彈道導彈換成了「戰斧」巡航導彈。在對艦和對陸打擊中，「戰斧」巡航導彈發揮了重要作用。現代化的軍艦通過垂直發射系統能攜帶80枚這種導彈。在阿富汗戰爭中，第五艦隊的潛艇、驅逐艦和巡洋艦游弋在巴基斯坦海岸附近的阿拉伯海上，在戰爭爆發後的一小時內，就向阿富汗境內的目標發射了176枚「戰斧」巡航導彈，命中率達90%，為航母艦載機的突擊創造了條件。在「自由伊拉克」行動的「震懾」階段，第五艦隊的潛艇和水面艦艇向伊拉克境內發射的巡航導彈達250枚之多。

凱爾總統與核武器

一九七六年，吉米・凱爾在總統大選中以微弱多數擊敗傑拉德・福特。在大選過後到正式就職的這段時間裡，凱爾來到華盛頓，住進白宮的招待所布萊爾酒店，為接任總統作準備。總統一旦宣誓就職，就會接過最重要的國家安全事務權力——核武器的發射權。此前，吉米・凱爾並未在聯邦政府工作過，對國家安全機構的設置及其運作並不是非常熟悉。儘管人們認為凱爾對軍事較為熟悉，因為他畢業於海軍學院，並曾在現役部隊服役過，但是他在部隊中的級別太低，以至於除了一些潛艇方面的知識外，他對軍隊的指揮控制並不是很瞭解。

一九四三～一九四六年，凱爾進入安納波李斯海軍學院學習。畢業後，他先後在「懷俄明」號和「密西西比」號這兩艘老式戰列艦上服役，當時這兩艘軍艦都已改裝為訓練艦，一般只在切薩皮克灣中活動。在水面艦艇部隊服役兩年後，凱爾被設在康涅狄格州紐倫敦的海軍潛艇學校錄取，經過6個月的學習，他以全班第二名的成績畢業。一九四八年十二月，他被分配到太平洋艦隊的常規動力潛艇「鯧魚」號上服役。一九五一年，凱爾中尉又被調到美國海軍K-1號潛艇上工作，這是一艘小型的試驗和訓練潛艇。在那艘潛艇上，凱爾擔任副艇

長兼機電長。一九五二年，凱爾被海曼・喬治・裡科弗少將選中，參與海軍核動力項目，於是他來到華盛頓，從事海軍艦艇核動力推進系統的設計和建造工作。凱爾按部就班地晉升到上尉軍銜，那時他的任務是訓練「海狼」號核潛艇上的士兵。一九五三年十月，凱爾從海軍退役，回到喬治亞州普理姆斯經營家族農場。因此，雖然凱爾在海軍現役部隊服役了七年，但他在海軍作戰艦艇上生活的時間還不到一年。

因此，福特政府認為，凱爾在就職之前必須先熟悉一下軍事上高級指揮控制方面的事務，當面臨核威脅時，還要具備判斷是否使用核武器的能力。就在這個時候，凱爾聽取了國家安全委員會作的關於國家指揮控制系統的彙報，瞭解了總統的相關職責，於是凱爾表達了想與參聯會進行會晤的意願。

會晤是星期二上午在布萊爾酒店的會議廳舉行的。陪同凱爾與會的是擬任國防部部長的哈羅德・布朗，他是國防部的一名資深文職官員，曾任原民主黨政府的空軍部部長和國防研究與工程主任。陪同凱爾的還有茲比格紐・布熱津斯基，他即將任凱爾政府的國家安全顧問。參聯會方面則有主席喬治・布朗上將、陸軍副參謀長達奇・克文上將、海軍作戰部部長，以及陸戰隊司令盧・威爾遜上將。

凱爾迫不及待地說出了想進行會晤的原因。凱爾稱，在自己當喬治亞州州長的時候，就非常關注美蘇對抗方面的問題，特別是兩個超級大國的核武器問題，這些核武器可以把兩個國家都毀滅殆盡。他認為，必須採取措施防止和避免核武器的誤射，這樣的誤射會導致對方的大規模報復。他還認為，降低風險的唯一途徑就是國家領導層採取主動來減少核戰爭的可能。

凱爾稱，他已通過私人電話找了蘇聯領導人利奧尼德・勃列日涅夫，想相互以平民百姓的身分討論這個問題。而勃列日涅夫也回了電話，他們兩人進行了交談。凱爾與勃列日涅夫都認為，唯一可行的辦法就是全面銷毀兩國的核武庫。他們還約定，只要凱爾當選總統，就開始著手這件事情。後來，凱爾還告訴勃列日涅夫，他會在第一個四年任期內，銷毀美國核武庫中的所有核武器，

條件是蘇聯也這樣做。顯然，勃列日涅夫同意了。所以，凱爾總統此次就是要來告訴參聯會，新政府在國家安全事務方面的第一項優先任務就是落實與俄羅斯人的協議。凱爾認為，參聯會當然要參與銷毀核武器事務，他還希望參聯會能重新評估作戰計畫，在不那麼依賴核武器的條件下，保衛美國和開展軍事行動。顯然，吉米・凱爾還是不明白，在我們應對蘇聯及華沙條約組織的國家安全政策中，使用核武器或是威脅使用核武器，是多麼重要。

凱爾總統問我有關美國海軍彈道導彈核潛艇部隊的現狀及安全情況，以及對蘇聯戰略潛艇的探測能力。我指出，我們的核潛艇在巡邏時很少被蘇聯發現，但是蘇聯的核潛艇總是被我們祕密地追蹤，儘管如此，我們還不敢保證能發現俄羅斯所有出海的核潛艇。隨後，大家又對水聲探測的技術問題進行了漫不經心的討論，而凱爾在大伙發言期間則忙著在他的便簽上進行計算，那些公式沒有一個參聯會成員看得懂。十一點四十五分，會議結束。凱爾在會上說得最多，基本上是關於他對核武器問題的設想。凱爾在會上也顯得最為積極，他不放棄每一個機會向參聯會成員表示，在國家安全事務領域，他會與參聯會密切合作，他上任後每月最少會與參聯會會面一次。凱爾還表示，在核武器都被銷毀之前，他要進行核武器使用的演習。這種演習參聯會本來就在進行。會後，喬治・布朗要求參聯會成員返回五角大樓後去「戰車」召開閉門會議，研究總統的講話。

毋庸置疑，吉米・凱爾還不明白，我們針對蘇聯及華沙條約組織的作戰計畫是多麼依賴使用核武器以及威脅使用核武器。說實話，我不認為我們這些出席會議的軍人中有哪一個會對凱爾關於銷毀核武器的理想感到厭惡。我肯定，世界沒有核武器會更幸福。但是如何才能把妖魔趕回瓶中呢？現在已經太晚了。我們與蘇聯達成全面銷毀核武器協定後，如果蘇聯反悔，這樣的災難性後果有多大，沒人考慮過。我必須承認，當時的凱爾在觀察複雜事務時較為幼稚。這次經歷只是職業軍人在文官治軍原則下與高級文職官員打交道經常遇到的一個例子罷了。在文職領導提出令人震驚的不切實際的想法之後，通常我們

要對其進行耐心的說服和教育，接著才會有一個與先前那些怪異想法毫不相干的理性計畫產生。

　　凱爾總統很快瞭解了核武器的相關知識，開始擔負起指揮控制使用核武器的職責。他在白宮與參聯會成員會談，參加國防部組織的指揮所演習，演練核武器使用的程序。儘管如此，在一九七九年六月，凱爾總統與利奧尼德‧勃列日涅夫坐在維也納簽訂了《美蘇第二階段限制戰略武器條約》。該條約的談判從一九七二年就開始了，尋求終止核武器的發展，是對一九六九年在赫爾辛基簽訂的《美蘇第一階段限制戰略武器條約》的鞏固和發展。

一九七八年六月三十日，我在美國海軍學院，按傳統儀式，向海沃德上將移交海軍作戰部部長一職。儀式是按《登陸部隊手冊》的規定來進行的，這也是我與湯姆想要的，這樣整個過程就更具軍事氛圍，而並非像一場家庭聚會。

出席儀式的政府要員包括海軍部部長格雷厄姆‧克雷多。有這位受人尊敬的官員出席，整個儀式更顯莊重。克雷多部長在任海軍部部長之前，曾是一家鐵路公司的總裁。我與克雷多是好朋友，我們彼此信任而友好。第二次世界大戰期間，他是驅逐艦上的一名軍官，表現優異。有時，我感到他也會被凱爾總統在軍事問題上的怪異想法所困擾，但他非常忠於職守，能確保凱爾和國防部部長哈羅德‧布朗的政策得以落實。在他任職期間，海軍軍人與海軍文職部長保持著良好和互信的關係。

儀式結束後，我與戴布尼開著自己的私家車前往位於阿林頓山脊路的家中。這座房子是我父親一九三六年當海軍中校時建造的，那時他第一次來到海軍部工作。我花了一個月的時間來調整和放鬆心情。我從我女兒那裡買了一條38英尺長的帆船，她在安納波李斯是一名遊艇經紀人，向去維京群島遊玩的客人租賃船隻。此外，法律也允許我每年在加勒比海駕船30天。我在此後的三五年裡，一直享受著這樣的樂趣。

我退休時，已56歲了，但我還想再找一份全職的工作。可是，越南戰爭後糟糕的社會氛圍以及對軍事系統退休人員的政策限制（退休後兩年之內在國防

工業系統任職），我覺得合適而滿意的工作並不好找。因此，在退休後的一個月時間裡，我與我的妻子享受著一種安寧和舒適的旅居生活，駕駛帆船遊玩，在森林裡搭建小木屋，以及到安納波李斯嬉水，等等。當這一切結束後，我的公共職業生活又開始了。

海軍歷史基金會

一九七八年八月，我接到原海軍作戰部部長喬治‧安德森上將的電話，他現在是海軍歷史基金會董事會成員。他問我是否願意出任基金會會長。這個基金會由阿利‧波克上將領導，他已答應出任基金會的董事會主席。我本想以太忙為由予以拒絕，但是當喬治問我「太忙什麼」，並指出退役的高級將領都很忙時，我便答應了他的請求。後來，我才感到這份工作實在令人滿意，今天我仍是其成員，並出任董事會主席。這份工作使我與海軍歷史中心、海軍博物館以及一些海軍歷史學家聯繫密切，從而又勾起了我對歷史的興趣，這種興趣在我最後的十年現役生涯中本已逐步淡去。在海軍歷史基金會，我發現接觸的人與事都是那麼有趣。

海軍航空協會

在海軍歷史基金會打電話給我後不到一星期，原海軍作戰部部長、參聯會主席湯姆‧摩爾上將也來了電話，問我是否想接替麥克‧米歇爾上將出任海軍航空協會會長，摩爾則是該協會的主席。同樣，我試圖拒絕的努力是無效的，我再一次加入到一個我熱愛的組織當中。如今，我已成為該組織的董事會主席。

海軍航空協會由皮爾瑞中將在二十世紀七〇年代初創建，我曾在一九五八年擔任過他的助理。在摩爾上將擔任海軍作戰部部長期間，摩爾堅定地支持海

軍航空協會的發展，鼓勵協會在民間對海軍航空事務進行宣傳。

　　該協會組織良好，管理專業，辦公室設在維吉尼亞州福爾斯徹奇的希爾道普區。協會的執行理事是一名精幹的海軍航空兵退役上校，他對協會的創建和運作貢獻頗大，他在協會的職務也是全職拿薪水的。在那些日子裡，海軍航空協會表現得非常活躍，創辦了一份雙月刊的雜誌，刊登關於海軍航空事務方面的文章，其中有很多材料都是國防部提供的。協會在全美各地還有50多個分會，我們稱之爲「中隊」，他們的活動也會在協會的雜誌上刊出。此外，協會每年還出版一份關於海軍航空事務的年鑑，敘述海軍航空兵全年的情況，刊登現役和退役海軍軍官的文章，其中也包括海軍作戰部部長的文章。海軍航空協會每年都舉辦年會，年會的活動包括一次餐會。在餐會上，有重要人物發言，比如喬治‧H.W.布希總統。布希總統也是海軍航空協會的註冊會員，因爲他在二戰期間是一名艦載魚雷攻擊機的飛行員。20多年來，海軍航空協會在史密森航空與航天博物館中還布置了一個展廳，展廳被模擬成航母上的飛行員待命室，這個展廳也成爲了博物館中最受歡迎的去處。

　　海軍航空協會參與的更有創意的一件事就是，在一九八五年成爲電影《壯志凌雲》首映式的聯合贊助商。首映式是在華盛頓特區的肯尼迪中心舉行的，所有賓客都被要求穿上半正式禮服參加。片中的明星，包括湯姆‧克魯斯和凱利‧麥吉麗絲等都來到了現場。首映式之後是一個盛大的招待會，在國家機場（即現在的雷根國際機場）的一個大機庫里舉行，裡面陳列著海軍的戰機，包括「雄貓」、「入侵者」和「大黃蜂」等。

　　我在這部電影的創作、攝制和公映過程中，也發揮了重要作用。開始，是一位代表派拉蒙電影公司的華盛頓律師找到我，他也是我在大都市俱樂部的好朋友。他讓我對一部反映海軍空中射擊學校的電影劇本進行指導，這個劇本是根據《日暮》雜誌上的一篇小說改編的。看完原始劇本後，我寫出了自己的意見，列出了其中不客觀與不正確的細節，並說明海軍是不會同意按原始劇本進行拍攝的。

　　我的意見被轉達給了製片人傑瑞·布魯克海默和唐·辛普森，他們研究了我的意見之後，決定到華盛頓與我面談。初次見面，我約上了幾名海軍飛行員，包括幾名越南戰爭中被俘的飛行員和布希副總統的海軍副官。這名海軍副官身材高大、英俊瀟灑，曾是F-14戰鬥機飛行員，在同行中享有較高的聲譽。在經過幾次會談之後，製片人對於拍攝一部反映航母和海軍戰鬥機學校的電影興趣盎然。另外，我還邀請海軍部部長約翰·萊曼參與交流，得到了他對電影拍攝的支持。就這樣，電影製片商與美國海軍達成了合作協議。

　　電影《壯志凌雲》描述的是一群航母戰鬥機飛行員在南加利福利亞州海軍戰鬥機戰術學校的故事，其中還有與一名虛構的中東獨裁者進行小規模空戰的場景。這是湯姆·克魯斯的一部早期電影，他借助這部電影走上了明星之路。除了情節緊張、場景逼真外，這部電影還產生了幾首著名的主題曲，包括《帶走我的呼吸》。

　　電影《壯志凌雲》獲得了一九八六年全美票房收入第一的成績，對公眾也產生了深刻影響。在電影上映之後，社會上對海軍航空兵的興趣陡然上升。申請加入海軍航空兵飛行訓練的符合條件的人數超過了額定人數的300%。海軍部部長萊曼不得不要求國防部將候選人儲備起來，在以後的三年中精心選拔，確保培養出最優秀的海軍飛行員。我的大名，則在片尾的字幕中作為「技術顧問」出現。

　　除了這些美妙的記憶外，一九八○年，海軍航空協會還在促使國會推翻凱爾總統對於國防預算的否決案中發揮了關鍵作用。凱爾之所以要否決國防預算案，是因為預算中包括一艘「尼米茲」級核動力航母。國會否決了總統決議，重新在預算中列入一艘「尼米茲」級核動力航母，並不顧總統反對，通過了該預算案。海軍立法事務辦公室將國會行為的很大一部原因歸功於海軍航空協會對議員們的游說。

短距/垂直起降飛機與國防科技

　　一九七九年十一月，國防科學委員會主席尤金‧富比尼在國防部部長哈羅德‧布朗的要求下，組建了一個特別小組來研究短距/垂直起降飛機在未來對各軍種的作用。小組成員共計12名，但是只有我是軍人出身。我在擔任海軍作戰部部長的最後兩年時間裡，對短距/垂直起降飛機就開始感興趣了。退休後，我曾在《美國海軍協會會報》以及其他關於航空事務的雜誌上發表過一些相關文章。

　　特別小組的最終報告只寫了三條結論。第一，各軍種應繼續發展正在進行的直升機項目，以便遂行支援陸軍和海軍陸戰隊地面部隊任務，以及遂行海軍反艦任務。第二，用於高速輸送突擊部隊以及搜救的傾旋翼技術應大力發展。第三，海軍陸戰隊應繼續發展一款短距/垂直起降飛機，用於取代「鷂」式飛機。報告進一步建議，短距/垂直起降飛機不應在各領域都廣泛運用，以便節約資源和規避風險。

　　我對這份報告非常滿意，結論正代表了我的想法。在我任海軍作戰部部長期間，海軍部就有一種錯誤的思潮，企圖用短距/垂直起降飛機取代海軍所有的常規起降飛機。對於這份報告，我認為的確在海軍的實際需求和技術現狀上找到了平衡，是海軍得到的最好消息。

　　特別小組中的一位知名學術界專家發表的一番怪異的言論讓我記憶猶新。他說：「海軍將飛機降落在搖晃甲板上的重任施加在航空工程師的身上，要求在飛機和發動機上運用最先進的航空技術，以便在飛行速度接近失速的狀態下，回收飛機。我建議，將這種負擔轉交給艦艇設計師，讓他們發明一種活動的飛行甲板，來抵消海水引起的顛簸。」

伊朗人質救援行動

　　一九八〇年四月二十四日上午，美國人翻開晨報時，都會讀到一條令人震驚的頭版頭條消息：美國救援被困伊朗德黑蘭美國大使館內外交人質的軍事行動在西南亞的邊遠沙漠地區慘遭失敗。這條消息之所以如此令人震驚，原因在於很少人，包括伊朗和美國人，知道有這樣一次軍事行動。我當然也不知道，更沒料到幾個星期後，我會被重新徵招，為國防部調查行動失敗的原因。

　　一九七九年十一月四日，美國駐伊朗德黑蘭使館被占領。美國參聯會立即開始制訂營救人質的計畫。在不宣戰和展開大規模軍事行動的條件下，要深入伊朗的心臟地帶救出人質並且將他們帶走，絕非易事。就算我們找到人質，他們生存的可能性也很小。

　　使館裡被扣押了53名美國人。還有3名，包括美國臨時代辦被關押在伊朗外交部裡。對於營救人質，直到一九八〇年三月，才有一個似乎可行的辦法產生。按照這個計畫，我們要動用「尼米茲」號航母；8架CH-53直升機將在夜間從在印度洋活動的航母上起飛，飛行期間保持無線電靜默；在閉燈飛行的條件下，直升機在伊朗雷達探測高度之下飛往德黑蘭南部600英里處的一片沙漠地帶；同時，6架C-130運輸機會從阿曼的瑪斯拉島起飛，前往沙漠中的會合點，這個會合點代號為「沙漠1號」。

　　3架C-130運輸機載有130人的地面部隊，他們是90名「三角洲」特種部隊成員和40名支援人員。另外3架C-130運輸機則裝載了供CH-53直升機使用的燃油。利用四月二十四日的暗夜條件，C-130運輸機會給直升機加油。同時，「三角洲」特種部隊會轉乘到直升機上。這8架直升機是預先配置在「尼米茲」號航母上的（完成任務最少需要6架直升機）。當加油完畢和特戰隊登機之後，直升機會繼續朝北飛往距德黑蘭東南65英里處伽姆薩的一處隱蔽點。在那裡，會卸下地面部隊。接著，直升機會飛往附近的另外一處隱蔽點。整個二十五日，直

升機和地面部隊都會潛伏起來，按兵不動。而C-130運輸機則會在當夜飛回瑪斯拉島。

二十六日黎明前，在德黑蘭的美國特工租用的卡車會到隱蔽點接上三角洲部隊人員，然後駛往使館區附近。從那裡，三角洲部隊會襲擊使館，營救人質，然後徒步前往附近的一個足球場。從隱蔽點飛來的CH-53直升機將在足球場接回部隊和人質，然後直飛德黑蘭西部的曼亞雷耶，那裡有一處廢棄的機場。按計畫，美國陸軍突擊隊隊員會搭載C-141運輸機占領那個機場。三角洲部隊成員和人質再轉移到C-141運輸機上，與陸軍突擊隊隊員一起撤離。CH-53直升機則會被遺棄，在遺棄前要進行摧毀。

遺憾的是，事情並未像設想的那樣發展。在到達「沙漠1號」地區之前，就有2架直升機因機械故障被迫返航。在「沙漠1號」地區，又有1架直升機出現了嚴重的液壓故障。這時，指揮所臨時決定，行動取消，重新裝載部隊返航瑪斯拉島，直升機則飛回「尼米茲」號航母，等待進一步地指示。可是，當直升機試圖進行加油時，發生了撞機意外，引發了大火和爆炸，所有的直升機和1架C-130運輸機損毀，計畫被迫取消。

儘管美國民眾早就猜想會對人質進行救援，不過對於此次行動卻無人知曉。但是到了二十四日早晨，所有的報紙都在頭條刊出了這條新聞。新聞報道稱，由於在沙漠中直升機墜落以及發生撞機意外，營救行動失敗。報道還稱，在1架輸送部隊的直升機與1架C-130相撞後，營救行動被迫取消，並有人員傷亡。

此次行動計畫，參聯會主席親自參與了制訂，總統也給予了很大的關注。行動的失敗，使美國的聲譽處在了一個風口浪尖的緊要關頭。這場災難註定會引發公眾的憤怒，紛紛要求白宮對失敗的原因做出解釋。但是，答案遲遲沒有公布。要詳細地搞清行動取消的原因以及接踵而來的災難談何容易。為了查明事情的真相，國防部下令組建特別行動調查團，在聯合參謀部的協助下，進行調查。很快，聯合參謀部就將調查團組織起來。調查團有6名主要成員，由我擔

任主席。此外，還從聯合參謀部抽調1人負責保障。白宮方面施加的壓力很大，因此調查團的工作必須要抓緊。調查團出臺的報告將是關於這次事件的最早官方聲明。公眾在媒體的煽動下，每天都催促政府說明真相。我認為，調查團在聯合參謀部的大力協助下，每星期工作6天，額外還會加班，就可以在2個月內向參聯會提交一份全面的報告。

調查團中有6名高級將領。除我之外，有兩名分別是來自陸軍和空軍的退役中將，他們在情報和特種作戰方面經驗豐富；還有三名代表三軍的現役將領，他們是陸軍少將詹姆斯・C.史密斯、空軍少將約翰・L.佩特羅夫斯基，以及海軍陸戰隊少將阿爾弗雷德・M.小格雷。這些人都是高素質的軍人。參聯會兌現了予以我們最好協助的承諾。

七月底，調查結束，開始進入研究分析階段。結合調查團其他成員的意見，我開始起草報告。報告的結論主要有兩條。首先，組織計畫程序不妥，特別是參聯會主席在參聯會框架之外籌劃了這次行動。同時，國防部部長也未盡到國家指揮當局應負的監督職能，在參聯會合聯合參謀部參與進來之前，讓這種錯誤的組織籌劃程序運行了數月之久。儘管這種錯誤的組織籌劃程序並非導致直升機墜毀、行動失敗的直接原因，但是延緩了整個行動。另外，這次行動計畫的制訂以「行動安全」為借口，保密太深，以至於排除了諸如戰區司令這樣經驗豐富的軍方高級將領參與。行動調查團認為，執行這樣一個複雜的行動，卻沒有充分發揮國防部與參聯會的職能，未充分利用其資源，是一個危險的先例，今後應絕對予以避免。

在起草報告時，我並不想緩解外界的指責，只是想搞清問題到底出在哪裡，這些問題產生了什麼後果，以及誰為這些問題負責。我也清楚，當時有不少媒體指責調查團在避重就輕，為軍人開脫。但是我要說，我們在對待同行方面，謹慎而客觀。

報告草案被送交調查團所有成員進行傳閱，徵求他們的意見。鑑於報告中的批評結論，調查團中有一名退役將領開始是拒絕簽字的。不過，當他意識到

調查團中的三名現役少將對報告都無異議時，他最終還是署上了自己的姓名。

私下裡，阿爾弗雷德‧格雷、約翰‧佩特羅夫斯基和詹姆斯‧史密斯三人一同到我的辦公室來找我。阿爾弗雷德‧格雷代表他們三人對我說：「我們完全同意調查團的意見以及你起草的報告內容，我們準備在報告上簽名。但是，我們也想讓你知道，這樣做可能會使我們的軍隊職業生涯就此終結。我們是在批評參聯會主席和國防部部長，我們今後的日子會很難過。但是，我們還是要在報告上簽字，這樣做是我們的自由。」說完，他們三人就離開了我的辦公室，我甚至連答話的機會都沒有。也許，我沒機會說話是最好的結果，因為對於他們的誠意，我是無法用言語來表示感激的。

結果證明，將軍們的擔心是多餘的。最終，阿爾弗雷德‧格雷成為海軍陸戰隊司令；約翰‧佩特羅夫斯基則晉升為四星上將，成為空軍物資司令部司令兼空間司令部司令。詹姆斯‧史密斯也繼續在陸軍航空兵中擔任高級領導。

總統反恐工作組

十月十日的夜晚沒有月光，由開羅飛往突尼西亞的埃及航空公司波音737型客機正在克里特島附近上空36000英尺的高度巡航。突然，天空中出現了7架美國海軍F-14戰鬥機，這些戰鬥機閃爍著航行燈繞客機盤旋。埃及客機飛行員一下子懵住了。這時，F-14戰鬥機抖動了幾下機翼，這是在發出「跟我飛行並著陸」的國際信號。於是，波音737型客機就在戰鬥機的護衛下飛往了美國海軍駐義大利西格奈拉的海航站降落。著陸後，乘客被疏散下機。在乘客中間，有幾名阿拉伯恐怖分子，他們曾劫持過「阿齊利‧勞羅」號郵輪，並且殺害了一名美國乘客。很快，恐怖分子被甄別出來，並被帶走進行審訊。恐怖分子供認，他們計畫前往突尼西亞，然後隱藏在卡斯巴，企圖躲避追捕和審判。此次逮捕行動中，F-14「熊貓」戰鬥機從「薩拉托加」號航母上起飛，結束任務又返降「薩拉托加」號航母，總共耗時僅7小時，期間都是在公海上空飛行。

此次行動是由雷根總統的國家安全事務顧問約翰・波因德克斯特海軍中將組織計畫的。那時，我也進入白宮，成爲總統反恐工作組的執行主任。在行動開展數日之前，約翰和我對行動的可行性進行過細緻的探討。行動的關鍵就是要確保在國際水域完成整個任務，避免因向其他國家請求開放空間而走漏風聲。

執行任務的「雄貓」戰鬥機來自正在地中海第六艦隊轄區部署的美國海軍「薩拉托加」號航母上的VF-74和VF-103兩個戰鬥機中隊。「薩拉托加」號航母上的1架E-2C預警機擔負空中偵察任務。另外，還有2架A-6飛機負責對戰鬥機進行空中加油。順便提一下，波因德克斯特的兒子艾倫也是一名海軍飛行員，在任中尉時曾獲得過全海軍最佳F-14戰鬥機駕駛員榮譽，現在則在休斯敦成爲了一名宇航員。

這樣一次複雜的行動，在如此短的時間就得以順利完成，使用的是進行例行性前沿部署的海軍兵力，動用的是一般部隊的飛行員，而非交由什麼特種行動專家來進行，這就足以說明海軍具備執行多樣化任務的有效能力。海軍能適應全頻譜衝突的任務需求，從全面戰爭到打擊恐怖主義，無所不能。

從中，總統反恐工作組也汲取了有益的經驗。一九八五年夏，鑑於在環球航空公司847號航班被劫持事件中，有關部門處置不當，雷根總統組建了總統反恐工作組。爲了確保在反恐行動中，能充分利用政府所有相關資源，雷根總統任命副總統喬治・H.W.布希爲反恐工作組組長。當時，恐怖主義對美國人而言是一種新的威脅。開始，對於恐怖主義，我們只能根據事態的發展逐步應對，較爲被動。總統反恐工作組的建立，使得我們能以有序而又可控的方式對恐怖主義威脅進行評估和處置。

除我之外，總統反恐工作組裡的其他成員都是現政府當中負責反恐事務的官員。工作組由布希副總統領導，主要成員包括國務卿、財政部部長、國防部部長、運輸部部長、總檢察長、聯邦調查局局長、中央情報局局長、管理和預算辦公室主任、總統國家安全事務助理、參聯會主席，以及擔任執行

主任一職的我。

工作組發布的政策聲明、提供的決策建議以及撰寫的書面報告必須經這些主要成員的研究、審查和同意。調查工作則交由工作組中的參謀團隊負責進行，由8～9名來自國務院、中央情報局和軍方的中等職務官員組成。

一九八五年底，在總統的指示下，反恐工作組向雷根總統提交了報告。這是一份對外公布的非保密的文件。這份報告的原始版本則被列為絕密，只在非常小的範圍內分發。

那時，在美國人看來，恐怖主義還未嚴重到失控的地步。但是，總統卻十分關心恐怖主義問題。我們已開始著手製訂計畫、建設力量、發展情報系統，希望能防止和減少恐怖主義威脅。我們認為，恐怖主義的發展日趨複雜，恐怖事件發生的次數日趨頻繁，強度也日趨增大，如果要控制住恐怖主義威脅，我們就必須在威脅形成之前就著手應對。那時，就有跡象表明，無論在國內還是國外，以美國人為目標的恐怖活動將與日俱增。恐怖活動增多的原因有很多，其中最重要的一條就是，恐怖活動是窮人的戰爭方式。敵視美國的意識形態組織，無法通過打一場正規戰爭來危害美國，因此就選擇採取恐怖手段。

反恐工作組認為，我們需要加強反恐能力，解決問題的最好辦法是，建立良好的情報網，擁有精幹的快速反應部隊，這樣就可以在恐怖分子製造危害前，予以先發制人的打擊，從而將損失降低到最小程度。如何對獲得的情報進行處理是關鍵問題。如果對外宣稱我們發現了恐怖主義陰謀並且對其進行了先發制人的打擊，就有可能暴露我們布置的情報網，造成特工人員的損失。而要想在反恐鬥爭中不斷獲得勝利，就需要很好地保護情報來源。

反恐工作組還認為，新型恐怖主義更加狂熱、極端殘忍、異常狡詐，在很多情況下，還獲得了主權國家的技術和資金支持，反恐應成為我們的一項國家目標。但是，我們也必須足夠現實。無論我們在技術上擁有多麼大的優勢，恐怖分子還是可能僥倖成功。當這種情況發生時，我們要讓美國民眾相信，我們擁有最完備的反恐體系，這個體系在絕大多數時間裡都能高效運作，它仍在捍

衛我們的自由。

反恐工作組也認為，美國需要在源頭上遏制或減少恐怖主義，也就是減少對美國及其盟友的極端仇視。我們也要在恐怖分子身邊建立可靠的情報網，在恐怖活動製造之前發出預警。另外，我們還要建立有效的指揮控制系統，這樣我們就可以充分利用我們掌握的情報，對恐怖活動進行先發制人的打擊，挫敗恐怖主義陰謀。我們要加強快速反應部隊的建設，在恐怖活動發生之後，能迅速做出反應。最後，我們需要開展國際合作，共享資源，打擊國際恐怖主義。

對埃及客機的攔截，是反恐鬥爭取得的重大勝利。F-14艦載戰鬥機要在地中海漆黑而又交通繁忙的夜空中，發現和識別目標，本來就是一項非常艱巨的任務。完成這項任務，需要嫻熟的技能和嚴格的紀律。

美國海軍在反對國際恐怖主義行動中顯然會繼續扮演關鍵角色。原因在於，美國海軍能在國際水域自由往來。美國在國際水域攔截和拿捕艦船和飛機，不需要獲得其他國家的許可。在動用美國部隊打擊國際恐怖主義的行動當中，獲得第三方，甚至是盟國政府的許可，一直以來是一件非常棘手的事情。一般而言，主權國家的政府並不希望美國在他們的領土上動用軍隊或准軍事力量。他們更傾向通過自己的力量來解決問題。但是與美國相比，他們的力量往往又相對有限。以一九八五年美國環球航空公司847號航班被劫持事件為例，曾有幾次解救人質的機會，美國本想動用自己的力量予以解決，但是都未獲得機場所在國的批准。如果換成停泊在港口的被劫持船舶，同樣的問題也依然存在。但是一到了公海上，美國動用自己的部隊就不需要任何第三方的批准了。總之，對美國政府而言，從諸如在國際水域活動的航母之類的海上基地發起營救和突擊行動，比在外國的領土上進行更為可靠。至於其他國家政府，無論是友好的還是非友好的，是否同意美軍從該國基地出發，對資助恐怖主義的國家進行懲罰性打擊，就顯得更加不確定了。但是，如果動用美國航母的艦載機進行空襲，或是使用從海上基地出發的直升機搭載陸戰隊和突擊隊隊員進行突擊，就更為簡單和可行了。

《選擇性威懾》

　　一九八六年，國防部部長吩咐弗雷德‧伊克爾組建一個委員會，負責規畫一份一九九○～二○一○年的長期綜合戰略。當時的海軍部部長約翰‧萊曼，提名我加入這個委員會。在這份戰略報告中，我們的核動力航母在未來要發揮關鍵的作用。根據未來二十年世界政治軍事環境的發展趨勢，這份戰略報告強烈建議，美國應發展一種海上戰略。基於我們海外基地網的萎縮、第三世界強國的興起以及核武器的擴散等事實，美國越來越傾向依靠海上基地。

　　委員會是根據國防部部長和總統國家安全顧問的建議成立的，有12名委員。除弗雷德‧伊克爾博士外，我們都不是政府的在職官員。弗雷德‧伊克爾當時是負責政策事務的國防部副部長，他負責委員會與政府之間的協調工作。委員會本身就是一個非同尋常的平衡組合，成員包括共和黨政府的國務卿和前任總統國家安全顧問亨利‧季辛吉博士，還有他的民主黨對手茲比格紐‧布熱津斯基。委員會有些成員並非國防系統出身，但都享有名望，如安妮‧阿姆斯壯以及諾貝爾化學獎的得主約書亞‧賴特伯格博士。此外，還有一些退役將領，如原參聯會副主席傑克‧維西上將。

　　大多數戰略政策文件的內容涉及的時間跨度都不長，如國防部部長年度態勢評估報告，一般不會超過一屆總統任期的四年時間。但是我們提交的這份名為《選擇性威懾》的戰略報告，卻關注未來二十年發生的事情。

　　委員會提交的這份戰略報告內容豐富，涉及戰爭的所有層級，從低強度衝突到全面核戰爭。它關注的是未來二十年的地緣政治變化和科技發展趨勢；在著手進行軍備控制的同時，也在準備進行戰爭，並且建議綜合採取軟硬兩種手段，以達成軍備限制政策的目標。

　　媒體對於《選擇性威懾》給予了各種不同的評價。《紐約時報》稱，該戰略的途徑和原則是行之有效的。「公共廣播電視」則認為，這份報告可能會

成爲今後十年裡最重要的戰略指導文件。歐洲媒體幾乎無一例外地支持報告的內容。儘管在這份報告中沒有太多的創新思想，但是還是獲得了公眾的普遍支持，不愧於是一個由兩黨資深人士組建的團隊共同制定的一份全面系統的戰略政策文件。

當時，社會上普遍存在對國防機構的不滿，批評美國缺乏一個連貫一致的戰略。因此，需要對我們的國家戰略進行重新審視。事實上，我們早已制定了一個戰略，這個戰略一直以來也得到了有效的貫徹。這個戰略在四十年前就已出臺，在這麼多年裡，蘇聯集團並沒有武裝入侵北約盟國以及日本、韓國等盟友。這個戰略在朝鮮戰爭結束之後就開始執行，多年來其基本內涵並未被修改，改變的只是一些細枝末節方面的東西。這個戰略是有效的，一直以來運作良好。我們所有的盟國並未淪陷，現在仍是自由國家。

儘管如此，現在的確到了要對我們的基本戰略概念進行重新評價的時候了。有一些條件已經發生了變化。美國失去了對蘇聯的核優勢；美國前沿部署的部隊所依賴的海外基地網也在迅速地萎縮。

有一點非常重要，那就是要明白，我們這個委員會制定的是一個戰略而非計畫，提供的是一種思路而不是一份採購清單。委員會的報告關注美國的力量建設，建議大力發展能執行多樣化任務的部隊，讓其擁有最先進的技術裝備；這些部隊要具備全球機動作戰能力，在不依賴海外基地的條件下，快速對危機做出反應；從低強度衝突到全面核大戰，這些部隊能應對戰爭的所有層級。這份戰略報告中的思想，與二〇〇四年《國防政策指南》非常類似。

針對戰爭的不同層級，《選擇性威懾》中都有相應的思路予以應對。對於發生在邊緣地帶的戰爭，委員會建議，美國主要動用機動部隊，這樣就需加強我們的戰略投送能力，其中的關鍵就是海運力量的建設。美國海外軍事基地的減少，促使我們對先前的戰略進行重新評價。陸上軍事基地的減少，只有通過戰略海運和空運來彌補。這種思想，在二〇〇四年《國防政策

指南》中也得到了體現，針對陸上軍事基地的減少，該指南提出了「海上基地」的概念。

委員會認為，必須讓民眾明白，波斯灣對自由世界的繁榮和安全有著至關重要的影響。美國必須向世界表明，波斯灣涉及美國敏感而重要的國家安全利益，關乎美國的領導地位，為了能自由進入該地區，美國不惜一戰。聯繫現今的國際形勢，委員會的建議無疑得到了採納。

在技術領域，美國要大力發展遠程精確制導武器。這樣，就可以利用現有的平臺，搭載更先進的武器系統，以此來提高武器裝備的效費比。這並不是什麼新主意，我們一貫認為，在武器系統上多下工夫，比開發新的平臺更為有效。

當然，我們的報告並沒有說，要停止發展已經規畫好的新型艦艇和飛機項目，如CVN-21型航母和先進戰術戰鬥機等。重點是，在平臺建設和導彈發展之間尋求一個合理的平衡。報告以「選擇性」為標題，意味著還是需要靠人來執行。儘管未來遠程制導武器會得以迅速發展，但是有人駕駛飛機仍是世界強國的基本裝備。當今的交戰規則也要求對打擊目標進行精心選擇，避免因誤判導致武裝衝突血腥升級。

委員會的報告合理、可靠、有效。報告中的大多數建議在冷戰剩餘的時間裡都被採納，甚至對當今的戰略思想都有著深刻的影響。我想，委員會做出了巨大的貢獻。享有崇高聲譽的資深人士，如季辛吉和布熱津斯基等，不會提出簡單、粗俗、衝動的建議。他們從豐富的經驗出發，來判斷哪些是可行的，哪些卻根本無法實現。委員會的觀點得到了廣泛的認同。有些時候，公眾熱切希望專業人士提出一些激動人心、標新立異的看法，但是只有那些符合實際又具有可操作性的建議，才能保證美國在未來二十年內的安全。

當我提出，我們提交的報告，應該只是一九八六年版戰略的擴展和完善時，很多專家，包括一些委員會成員提出了異議。他們稱：「我們努力工作了兩年時間，但是卻沒有交出什麼新東西。」我回答，在沒有發生重大技術和政

治變革之前，例如新型原子彈的發明或者蘇聯垮臺，任何在戰略方面的新設想，只能是漸進式的完善，而不能是顛覆性的革命；認為現有的戰略完全無用是不合邏輯的；我們要做的是，基於當前的戰爭形態和戰略環境，對已經有效運作四十年之久的那個戰略進行不斷的修訂和完善；作為一個官方的委員會，我們不可以提供一種全新的國家安全概念；我想，我們可以在國家安全規畫中，依靠新的科技，考慮新的國際環境。

第11章
未來：過去只是開始

從第二次世界大戰初期開始，到如今已有60多年的時間，航母一直是美國海軍的主戰艦艇，美國艦隊就是圍繞航母進行組織和運作的。長期以來，海軍航母作為國家力量的工具發揮了不可估量的作用，直接為軍事戰略的實施和國家最重要安全利益的達成服務。

二○○六年，是美國關鍵的一年。一種武裝部隊轉型的全新概念被提出，一種先發制人的新戰略出臺，一種新型精確制導武器技術被運用，一份革命性的國防規畫指南《從海上》被執行。其中，航母仍會繼續在國防規畫和軍事行動方面發揮核心作用。更關鍵的是，當對國家安全事務進行決策和計畫時，能應對未來全頻譜戰爭樣式的航母為我們提供了一系列可供選擇的軍事能力。

航母對於我們的國防如此重要，主要在於航母是唯一能在海上提供空中力量的武器系統。如同在過去六十年當中一樣，自由使用國際水域在未來仍是我們國家安全戰略的主要目標。第二次世界大戰和冷戰期間的局部戰爭已清楚地表明，沒有全面的制空權和在戰場上的局部空中優勢，就不可能在軍事上獲得勝利。美國海軍航母上的艦載機聯隊，與美國空軍戰鬥機戰術聯隊以及陸戰隊固定翼飛機戰術中隊一道，保證了在任何武裝衝突中，空中優勢始終掌握在美國及其盟友手中。

具體而言，美國海軍航母在大洋和瀕海作戰環境中，能保證美國擁有戰

場上的局部空中優勢，從而使其他的海軍部隊能遂行既定的任務，如：投送部隊上岸、掃雷、對岸火力支援，以及反潛等。在執行這些任務時，巡洋艦、驅逐艦、獵雷艦和兩棲攻擊艦等，都要防禦敵人從空中發起的進攻。航母艦載機也能壓制敵人的岸上火力，爲搶占灘頭陣地的友軍提供近距離空中支援，對敵軍進行縱深遮斷。在這些激戰的前線，陸基航空兵往往無法發揮作用。必須牢記，我們的突擊，可能是在敵人控制的地域展開。只有在海軍和陸戰隊建立安全的岸上基地後，陸基航空兵才能使用。

對航母的重視，起源於我們的國家安全理念和一種立足於前沿的軍事戰略：

（1）防禦時，海洋是屏障；擴張時，海洋是通道。在戰爭中，美國習慣在敵人領土上作戰。在南北戰爭之後，美國人民就沒有再被侵略者蹂躪，甚至連美國本土也未遭到過空襲。

（2）美國得益於北美大陸的地理環境，只與加拿大和墨西哥接壤。這兩個國家對美國都構成不了威脅。此外，我們的兩個州，幾個海外領地，以及所有的盟國，都存在於海外。

（3）美國依賴海外的盟友，如北約和日本；美國也依賴前沿部署的部隊，如海軍航母打擊大隊和遠征打擊大隊，這些部隊活躍在地中海、太平洋和印度洋的國際水域中。

（4）充分發揮海軍特有的機動性和「到達」能力，預先部署航母打擊大隊，使用各種手段，從全面的政治軍事行動到武力的展示，迅速對危機做出反應。

（5）利用國際水域的航行自由，開展運輸和後勤支援活動，在不深入他國內陸和領海的條件下，在敵前開闢海空戰場。地球表面的三分之二面積都是公海，全世界90%的人口都生活在航母艦載機的打擊範圍之內。

第二次世界大戰、朝鮮戰爭和越南戰爭

一九四二年，快速航母打擊部隊運送盟軍跨越太平洋，在中途島戰役中打敗日本。在隨後的作戰中，航母發揮了關鍵作用。在戰爭中，依賴空中和海上優勢，我們奪取了日本重兵把守的一系列島嶼，這些島嶼是日本本土防衛計畫的支柱，但是兩國的海軍主力卻從未面對面地進行交戰。

冷戰期間的前沿戰略是行之有效的。在朝鮮戰爭的初期，韓國所有的機場都被敵人占領，是美國航母的艦載機首先對被圍困的美韓部隊提供了空中支援。朝鮮戰爭期間，共計開展了737436架次的空中支援行動，其中海軍和海軍陸戰隊的飛機承擔了近40%的任務，達275912架次，僅第77特混編隊中的航母，就執行了106494架次任務。軍事歷史學家普遍認為，儘管單憑盟軍的空中力量無法贏得朝鮮戰爭，但若不是美國戰術航空兵建立起了全面的空中優勢，這場戰爭就會輸給中國。第一陸戰師從長津湖的撤退，如果沒有了戰術空中支援，是不可想像的。在那場戰鬥中，執行任務的海軍及陸戰隊飛機是從在朝鮮半島東海岸活動的第77特混編隊，以及在朝鮮半島西海岸活動的第98.6特混大隊的航母上起飛的。

一九六四年，對越南民主共和國軍事目標的首輪空襲也是由在戰區進行前沿部署的美國海軍航母艦載機發起的。當時，航母艦載機是尼克松總統對東京灣事件進行報復唯一可以使用的戰術飛機。一九七二年，總統決定從越南撤出除軍事顧問外的所有地面部隊。於是，在東南亞戰區繼續戰鬥的美國軍事力量只剩海軍和陸戰隊的航空兵以及美國空軍。正是在「後衛」II、「聖誕節轟炸」等行動中，有了對河內和海防地區的目標進行不分晝夜的高強度空襲，才迫使對方尋求和平，在《巴黎協定》上簽字，從而結束了美國在東南亞地區的戰爭。在戰爭持續的八年時間裡，海軍航母艦載機擔負了超過一半的對越南民主共和國的空襲任務。

利比亞

一九八六年四月十五日，美國發起了對支持恐怖主義的利比亞卡扎菲獨裁政權的空襲行動，代號爲「黃金峽谷」。在潛在威脅地區附近的國際海域部署航母，是美國的一項戰略政策，其有效性在這次行動中又一次得到了展示。二戰結束後，根據美國國防政策的指導，美國海軍一直在地中海部署有兩艘航母。爲了對支持恐怖主義的國家政權進行報復性的先發制人打擊，「黃金峽谷」行動直接以利比亞核心領導爲目標。在目標區附近海域活動的航母是可以立即執行任務的唯一力量。只有航母上才配備齊全全天候攻擊機、制空戰鬥機、反導彈攻擊機、電子戰飛機、空中預警機和搜救直升機，這些機種相互配合，才能深入防守嚴密、佈局分散的目標區進行空中打擊。駐英國的美國空軍F-111戰鬥機計畫與航母艦載機一起行動。當法國政府拒絕爲駐英美國空軍打擊利比亞開放領空時，F-111機群只能沿英吉利海峽飛行，再進入比斯開灣，通過直布羅陀海峽，飛越地中海，再朝南飛入利比亞。這樣就多出了1300英里的航程和4小時的飛行時間，需要28架KC-10和KC-135空中加油機對F-111機群進行空中加油。但是對於航母艦載機而言，距目標區僅200英里。行動按計畫進行，在目標區上空進行空襲的時間不超過12分鐘，共計投下了60噸的彈藥，沒有海軍飛機被擊落，「黃金峽谷」行動取得了圓滿成功。

「沙漠風暴」行動

自冷戰時期以來，航母在美國對中東地區的歷次軍事行動中都發揮了重大作用。一九九〇年八月二日，薩達姆‧侯賽因出動3個精銳的共和國衛隊師跨過邊界入侵科威特，「沙漠盾牌」行動隨即展開。當時，美國海軍2個航母打擊大隊正在附近海域執行例行性前沿部署任務，其中1個在地中海，另外1個則在印度洋。3天後，「獨立」號航母抵達陣位，將科威特境內以及對沙特構成威脅的

伊拉克軍隊置於航母艦載機的打擊半徑之內。八月七日，布希總統命令美軍保衛沙特，戰區內的美軍兵力最初就由2個航母戰鬥群組成，包括100多架艦載作戰飛機，隨時準備對伊拉克空中和地面目標進行打擊。航母上的2個艦載機聯隊，憑藉自身力量，就可以在科威特奪取空中優勢。陸基飛機也很快被部署至戰區，包括2個由美國本土經空中加油抵沙特的空軍F-15戰鬥機中隊。空軍部隊真正做好戰鬥準備較遲，因為需要將大量的後勤設施和地勤人員通過空運和海運輸送至沙特機場。在八月六日，薩達姆沒有跨越科威特邊界入侵沙特，這並不是因為沙特的抵抗會比科威特強多少，而是美國的軍事力量，包括2個航母戰鬥群，對薩達姆起了震懾作用。

　　「沙漠風暴」行動是聯軍實施的進攻戰役。戰役中，伊拉克被逐出了科威特，隨後多國部隊進入伊拉克並打敗了伊拉克軍隊，迫使薩達姆投降。先前的「沙漠盾牌」行動，則是多國部隊在戰區內集結，並形成優勢兵力階段。空中戰役使地面作戰輕而易舉地取勝，多國部隊傷亡很少。戰爭持續了43天，海軍和陸戰隊的航空兵參加了戰爭的全過程，他們是從紅海和波斯灣中的航母和兩棲戰艦上出動的。共有6艘航母參戰，其中4艘在波斯灣、2艘在紅海，航母艦載機打擊了700英里之外的目標。戰爭中，美軍共出動94000架次飛機，其中美國海軍和陸戰隊飛機出動了30000多架次，約占35%。這個比例與「沙漠風暴」行動中海軍和陸戰隊飛機的出動數量占參戰飛機出動總數量的比例基本相同。這清楚地說明，除能迅速抵達戰區外，航母艦載機的出動率與陸基飛機不相上下。戰爭中，F/A-18戰鬥攻擊機一機多用增加效能的設計理念得到了檢驗。在「沙漠風暴」行動的首日，美國海軍「薩拉托加」號航母上VFA-81飛行中隊的4架F/A-18型機準備對伊拉克機場進行空襲，飛行過程中發現伊拉克的2架米格-21戰鬥機在7英里遠的距離活動。飛行員立即將F/A-18的功能從轟炸轉換到空戰，使用「響尾蛇」導彈將2架敵機擊落。接著，他們繼續執行先前的空襲任務，彈藥直接命中了機場上的目標。這充分顯示了F/A-18型機靈活的多用途性能。

科索沃

　　一九九九年四月，在地中海第六艦隊轄區進行例行性前沿部署的航母戰鬥群加入北約部隊，參加「聯盟力量」行動，對科索沃的塞爾維亞軍隊進行打擊。面對先進的俄式防空武器，「西奧多‧羅斯福」號航母上的艦載機，包括F-18、F-14和A-6等，共計出動3100多架次，占飛機總出動架次的一半以上，並且沒有一架飛機遭到損毀。

「持久自由」行動

　　二○○一年九月十一日，「基地」組織襲擊了紐約的世貿中心。隨後，美國展開了反恐軍事行動。在反恐戰爭中，作為國家的主要軍事力量，航母的作用發揮到了極致。航母擁有較高的戰備水平和較好的靈活性，並經常性地部署在西太平洋和印度洋地區，因此，對恐怖主義的報復性軍事打擊能得以迅猛展開。美國對恐怖分子的報復性打擊必須迅速、有力，並且要把附帶損傷降低到最小程度。這關係到美國作為世界領導的聲譽以及是否能有效懾止對美國本土的恐怖襲擊。

　　如果把常規地面部隊投入阿富汗來清剿恐怖分子，就需要擁有良好的港口系統，並且要修建軍事基地。這樣，所花的時間就太長了。因此，從海上直接進行打擊更為可行。

　　九月二十一日，喬治‧W.布希總統批准實施「持久自由」行動。行動中，美軍特種部隊將在空中力量的支援下作戰。顯然，提供空中支援的主要力量是航母艦載機。開始，戰鬥機要在作戰地區奪取制空權。敵人擁有一些蘇制的戰鬥機和地空導彈。這些防空設施必須先行予以摧毀，然後直升機才能將特種部隊輸送至戰區。因此，戰役的第一項任務就是「消除防空武器和塔利班戰鬥機產生的威脅」。在空中優勢建立之前，是不會進行地面作戰的。當時，戰區內

沒有供美軍戰機使用的陸上機場，只有海軍航母上的F-14戰鬥機和F/A-18戰鬥攻擊機可以使用。

如何輸送特種部隊的人員和裝備是一個關鍵的問題。按以往的經驗，通常是依靠商船來進行。這樣做就需要現代化的港口設施，但阿富汗卻是一個內陸國家。於是，美國海軍「小鷹」號航母就扮演了運輸船和作戰基地的角色。在14天的時間裡，代號為「利劍」的特戰部隊（Task Force Sword），包括20架直升機、600名隊員和860000磅彈藥和裝備，被裝上了「小鷹」號航母。接著，「小鷹」號航母全速趕赴阿拉伯海。

戰鬥打響後兩天，適合巡航導彈打擊的固定目標大多數已被摧毀，空中作戰開始主要依靠海軍戰機來進行，偶爾也有少量空軍的B-1和B-52轟炸機參戰。保持良好戰備水平的F/A-18戰鬥攻擊機，能有效打擊時間敏感目標，在瞬息萬變的戰場上，發揮了巨大的作用。「持久自由」行動中，共有6艘航母和4支陸戰隊遠征大隊參戰，它們構成了海軍作戰力量的核心。因為有了海軍航母強大的作戰能力，國家指揮當局才能開展這樣的軍事行動，這種作戰方式在「持久自由」行動中被證明是正確而有效的。二〇〇二年四月，塔利班政權被推翻。

「自由伊拉克」行動

二〇〇三年四月二十一日，「自由伊拉克」行動開始。在初期的「震懾」階段，有5艘航母參戰。它們分別活動在地中海和阿拉伯海，在夜間出動聯隊規模的機群，對伊拉克首都進行空襲。空襲的精度和效能空前，超過了以往任何戰術作戰飛機能達到的水平。

這是歷史上第一次幾乎完全使用機載精確制導武器來進行的戰役。「自由伊拉克行動」的第一階段，是對有地空導彈和戰鬥機防衛的薩達姆·侯賽因的首都進行空襲。美國海軍和空軍戰機投下彈藥的90%是精確制導武器。

儘管美國戰術航空兵並非第一次使用機載制導武器，但是這次的確是首

次在如此大規模的空襲行動中幾乎完全使用精確制導彈藥。此外，在夜間行動中，艦載機出動的數量、採取的編隊形式、運用的戰術也是空前的。在以往，這些只能在晝間實現。這是一次重大的突破。原來，夜晚是屬於非正規部隊、不對稱作戰、游擊隊和恐怖分子的，他們的小群偷襲戰術往往能奏效。如今，美國的技術優勢使情況發生了逆轉，飛行員和步兵裝備了夜視儀，使黑夜變得如白晝一般。

　　一九九二年海灣戰爭時，往往要讓多架作戰飛機攜帶超量的非制導彈藥，確保能摧毀一個單獨的目標。在「自由伊拉克」行動中，一架戰術飛機卻能摧毀多個目標，一個目標只需一枚精確制導炸彈就能解決。在「自由伊拉克」行動中，參戰的大多數地面部隊官兵和所有的戰術飛機飛行員都配備了夜視儀，這使得近距離空中支援達到了前所未有的高水平。地面觀察員不但能發現周圍的人員活動情況，還能識別所發現的是戰鬥人員還是平民百姓，這樣就可以使空襲更為精確。

　　機載精確制導彈藥與裝備有夜視儀的地面觀察人員相配合，使海軍、陸戰隊、空軍的戰術飛機以及陸軍和陸戰隊的直升機，在反恐作戰中，效能倍增。敵人暴露在精度誤差僅為30英尺、殺傷半徑卻達300英尺的精確制導炸彈面前，只能是被消滅。對於移動目標，也只有空中發射的武器最為有效。如果使用艦載巡航導彈，從發射到飛臨預定位置，需要1小時的時間。在這段時間裡，敵人可能早已完成襲擊並迅速撤離了。但是，飛機卻能在敵人毫無察覺的情況下迅速飛抵現場，投擲炸彈，並將附帶損傷降低到最小程度。

未來的國家軍事戰略

　　二〇〇一年在《四年防務評估報告》中提出的美國軍事戰略被稱為「1-4-2-1」戰略。其中，「1」代表保衛美國本土免遭外來侵略是第一優先任務；「4」代表在歐洲、中東、東南亞和東北亞四個關鍵地區懾止侵略；「2」代表

在兩場同時發生的戰爭中，迅速挫敗對手，並在其中的一場戰爭中取得決定性勝利，更改對手的政權或占領其領土；最後一個「1」則代表打兩場主要戰爭的同時，在其他地區遂行少量的小規模軍事行動。

二〇〇四年發布的《二〇〇五～二〇〇九年國防規畫指南》中，國防部部長提出了「海上基地概念」，來指導「1-4-2-1」戰略的執行。為實施該戰略，《國防規畫指南》進行了力量規畫，提出了三個設想：

（1）假設戰區內不存在陸上後勤補給設施或其他任何基地，海軍會在海上建立海上基地。

（2）上陸的美國部隊的後勤補給由海軍的海上基地提供。

（3）海上基地使美國在海外擁有獨立而持久的作戰能力，這些海上基地能在距美國陸上基地2000海里遠的海域展開。

為貫徹二〇〇四年《二〇〇五～二〇〇九年國防規畫指南》，海軍提出了「全球作戰概念」，主要依靠兩支主力作戰部隊：

（1）以大型航母為核心的11支航母打擊大隊。

（2）以大型兩棲攻擊艦為核心，搭載陸戰隊隊員和攻擊型以及運輸型飛機的8支遠征打擊大隊。

此外，海軍還利用38艘改裝的商船發展「海上基地」能力，將它們編為4個預置支援中隊，部署在「1-4-2-1」戰略提及的四個關鍵地區附近的公海上。

二〇〇六年二月，國防部部長提交了政府2007財年國防預算案，預算總額達4390億美元，比二〇〇六年增加了7%，這還不包括單獨為伊拉克戰爭額外提供的1億2000萬美元。於此同時，國防部也出臺了二〇〇六年《四年防務評估報告》，從理論的高度對世界形勢進行了分析，並闡明了國防預算與當今世

界形勢的關係。二〇〇六年《四年防務評估報告》改變了二〇〇一年國家軍事戰略中的一些內容，強調開展全球反恐戰爭是第一優先的戰略任務，但並不要求迅速打贏兩場同時發生的主要戰爭中的一場。不過，在其他方面，二〇〇六年《四年防務評估報告》重申了二〇〇一年軍事戰略以及二〇〇四年《二〇〇五～二〇〇九年國防規畫指南》中的觀點，要求擴大艦隊的規模，保持11支航母部隊。二〇〇六年《四年防務評估報告》還同意海軍發展12艘新型海上預置艦，為未來的「海上基地」的組建打下基礎。

航母部隊的規模

目前，美國海軍擁有11艘大型航母。其中，10艘是核動力的：1艘「企業」級和9艘「尼米茲」級。有1艘核動力航母「喬治‧H.W.布希」號（CVN-77) 正在建造，預計在二〇〇八年服役。此外，現在還沒有其他航母的正式建造計畫。CVN-78號航母要等二〇〇七年才會申請撥款和建造，這是一艘CVN-21級核動力航母，其實是「尼米茲」級的改進型。二〇一四年，該航母建成後，將取代已服役了五三年的海軍第一艘核動力航母「企業」號。這樣，海軍航母的數量就能保持在11艘的水平。諾斯洛普‧格魯曼公司在紐波特的船廠是唯一能建造大型航母的地方。如果能得到良好的維護保養，及時進行現代化改裝，1艘核動力航母的預期使用壽命可以超過五十年。

核動力航母的使用壽命如此之長，以至於有些人擔心，它們是否會像「無畏」級戰列艦一樣，在未來變得過時。其實，航母就如同機場一樣，只有戰術飛機在戰爭中變得過時而不再使用的情況下，航母才會顯得過時。這種情況會發生嗎？這樣一來，美國空軍和陸軍航空兵就沒有必要存在了。這些軍兵種的作用，如同海軍航母一樣，就是用飛機保衛國家。甚至在最長遠的國防規畫當中，也沒有跡象表明，飛機會變得過時。

那種認為航母在未來戰爭中脆弱易損的觀點是錯誤的。航母並不比海軍

其他裝備脆弱。事實上，航母是遂行所有海軍作戰行動的保證。例如，在沒有空中優勢和海上優勢的條件下，陸戰遠征部隊進行打擊作戰是不可想像的，而海空優勢又是需要通過航母來奪取的。在反進入環境下，美軍唯一能做的就是依靠航母和遠征部隊開展地面作戰。在第二次世界大戰以來的所有軍事衝突當中，被擊毀在地面的飛機數量遠遠超過了停在航母甲板上的飛機數量。

在美軍戰鬥序列中的航母及航母打擊大隊，有力地支援了國家的外交政策。當前和今後，前沿部署的航母都會首先投入戰鬥。在朝鮮戰爭中，美國海軍重新啓用已封存的「埃塞克斯」級航母，動用後備部隊的二戰老兵來操作，使航母艦隊的規模擴充了3倍之多。有效的空中力量，阻止了朝鮮的進攻。現在，沒有封存的航母可供現代化改裝。就算給予最優先的地位，建造1艘新的大型航母也需要五年時間。因此，今天的航母部隊及其配套設施，必須滿足在最複雜的條件下支持國家外交政策的需求。

未來中國的威脅

保持中國臺灣獨立，是我們國家的政策，當臺灣的現狀受到威脅時，美國政府會作出迅速反應。一九五八年十月，美國海軍第七艦隊部署在臺灣海峽的航母數量增加到了7艘，企圖阻止中國大陸占領金門和馬祖。中國大陸退回去了，緩解了對這兩個離島的威脅。

喬治·W.布希政府重申了對中國臺灣安全的保證。二〇〇五年四月，北京的中國領導人頒布法律，聲稱只要中國臺灣正式宣布獨立，就會對其動武。中國臺灣領導人面臨巨大的挑戰，他將維持中國臺灣事實上的獨立，視爲最高的政策目標。

如果在未來，美國將核動力航母的數量削減到8～9艘的水平，那麼能否在可能發生的臺海軍事衝突中打敗未來的中國海軍就成了一個問題。多種情報表明，中國正在發展一支現代化的海軍，加速裝備核潛艇、導彈艦艇和對海超

聲速攻擊機。考慮到中國與俄羅斯和印度在陸上接壤，而日本則沒有正規的海軍（只有一支海上自衛隊），中國發展海軍的目的只能是與美國在太平洋進行角逐。在中美因臺灣問題而爆發的衝突當中，海軍航母會是美國依靠的主要力量。在航母艦載機建立空中優勢之前，面對中國的陸基空中力量，我們的水面艦艇不可能在臺灣海峽生存。只有建立了這種空中優勢，才能與中國的兩棲進攻部隊交戰。在中國臺灣駐紮美國空軍不太可能，因為這樣就會將美軍戰機暴露在中國導彈的射程範圍之內。

因中國臺灣問題，與中華人民共和國進行對抗，甚至發生衝突，也許並不會發生。但是為了說服大陸不要威脅中國臺灣，美國就必須保持一種可信的威懾力，必須在中國大陸進攻臺灣時有能力介入。這種能力只能依靠美國海軍航母來獲得。威脅使用核武器是不現實的，這樣可能導致中美相互之間的誤判，引發先發制人的核打擊。為了中國臺灣，並不值得與中國大陸進行核戰爭，也不值得以美國城市和工業的毀滅為代價。懾止中國大陸進攻中國臺灣的最好辦法就是，威脅使用足夠數量的大型航母，運用最先進的艦載機奪取臺灣海峽的海空優勢。

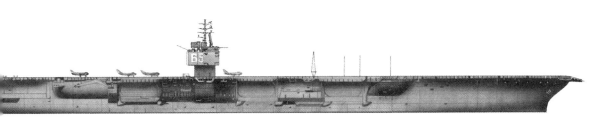

後　記

　　這是一本有關航空母艦的書。在這裡不得不再次強調，如果沒有人來操作和維護它們，航空母艦及其搭載的飛機將是靜止的、無生命的物體。這些美國男女青年的技能、奉獻和勇氣，使得美國海軍航空兵部隊將航空母艦打造成了美國海上力量的核心。年輕的喬治‧赫伯特‧沃克‧布希也許是最典型的代表。那年他17歲，高中尚未畢業。在日本偷襲珍珠港後的第二天，他走進海軍招募辦公室應徵成為海軍飛行員。但他要等到18歲。然後，他得到父親的許可，加入了公共服務事業，並最終成為美國白宮的第41任總統。

　　他無私的勇氣使他成為英雄中的英雄。正如二○○三年九月六日「喬治‧H.W.布希」號（CVN-77）航母鋪設龍骨時，我在維吉尼亞州《紐波特新聞》中所評論的：

　　「喬治‧赫伯特‧沃克‧布希，美國第41任總統，是一位活著的英雄。對不同的人來說，他成為英雄的原因也不相同。對一個特殊群體——海軍航空兵來說，他是英雄中的英雄。對美國海軍艦載機飛行員來說，喬治‧布希是他們中的一員。他們為這樣一位偉大的美國人與自己有著特殊的關係而感到自豪和榮耀。

　　海軍航空兵非常欽佩喬治‧布希的愛國主義精神。那時他剛剛高中畢業，放棄了進入大學（他已經被錄取了）的計畫，選擇作為一名艦載機飛行員參加了一線的戰鬥。在他19歲生日前幾天，他獲得了飛行資格和任命，他是海軍航

空兵歷史上最年輕的飛行員。

海軍艦載機飛行員會牢牢記住布希中尉累計飛行了1200小時以上，完成了58次作戰任務。他在海軍服役期間，完成了126次航母降落，大部分時候是駕駛著大型高速魚雷機降落在經過改裝的巡洋艦的狹小、顛簸的甲板上。他們也會記住，在一次從航母上起飛後，布希中尉在TBM『復仇者』魚雷機發動機完全熄火的情況下，駕駛裝載著彈藥的『復仇者』平穩迫降在海面上，讓他的機組成員在毫髮無損的情況下逃離即將沉沒的飛機。

但是海軍航空兵最仰慕的是他在日本福島作戰時所表現出的個人勇氣。對此，我們只需簡略引用布希中尉獲得優異飛行十字勳章時所得到的評價：『為英雄主義和不平凡的成就。作為一名魚雷機飛行員，布希中尉帶領一個雙機小隊攻擊一個無線電臺，他在猛烈的防空砲火中堅持攻擊。儘管在俯衝時他的飛機就已經被擊中並起火，他仍繼續攻擊，在跳傘時他已經重創了目標。』」

對一名海軍作戰飛行員來說，最後一句評價份量最重：「儘管在俯衝時他的飛機就已經被擊中並起火，他仍繼續攻擊，在跳傘時他已經重創了目標。」人們都會認為作戰時飛行員從一架失去動力並開始著火的飛機中跳傘（而且高度和位置也允許）是正確的。但是喬治‧布希中尉選擇駕駛隨時可能墜毀的飛機完成攻擊。這樣一來，他降低了自己生還的概率。在低空跳傘時，布希中尉被飛機垂尾撞到，降落傘也劃破了。毫無疑問，喬治‧布希是一位英雄，而他的優異飛行十字勳章差點成為死後追授的。

當他被美國海軍潛艇「長鬚鯨」號意外營救以後，他在潛艇上住了一個月，直至潛艇完成戰鬥巡邏。當「長鬚鯨」號返回夏威夷以後，他本可以上岸休息，但喬治‧布希要求返回自己所在的VT-51中隊——仍在西太平洋作戰的「聖‧賈辛托」號巡洋艦。在他的第二次海軍生涯中，布希中尉的做法已經超越了應徵入伍。作為一名與所在中隊失散的生還者，他本可以返回美國本土，將自己的作戰經驗傳授給艦隊補充飛行員。實際上，這是標準做法。海軍飛行

員應該謹記喬治‧布希重新返回VT-51中隊戰友身邊，繼續駕駛TBM參加日本本土島嶼的激烈戰鬥的事蹟。

對一位19歲的海軍預備役中尉來說，這是奉獻的象徵。他一直與戰友們並肩作戰，直到一九四五年VT-51中隊解散。此時VT-51中隊的傷亡率為50%。

「喬治‧H.W.布希」號將成為美國海軍「尼米茲」級航母中最先進的一艘。當它與「喬治‧華盛頓」號和「亞伯拉罕‧林肯」號一起出現在我們的艦隊中時，它的全部作戰能力將由新一代的年輕海軍飛行員發揮。年輕飛行員也會被與這艘航母同名的英雄的技能、奉獻和勇氣所激勵——喬治‧赫伯特‧沃克‧布希。

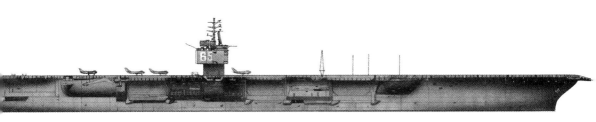

縮略語

AA（antiaircraft）防空

AAA（antiaircraft artillery）高射砲

ACDA（Arms Control and Disarmament Agency）軍備控制和裁軍署

AdCom（administrative command）行政指揮

ADIZ（air defense identification zone）防空識別區

AE（ammunition ship）彈藥船

AEC（Atomic Energy Commission）原子能委員會

AF（store ship）補給船

AFS（combat store ship）戰鬥供應船

AG（miscellaneous support ship）多用輔助艦

AIM（air intercept missile）空射攔截導彈

AirLant（commander, Naval Air Force, Atlantic）大西洋海軍航空兵司令

AirPac（commander, Naval Air Force, Pacific）太平洋海軍航空兵司令

ALNAV（all Navy message）海軍通用編號

ANA（Association of Naval Aviation）海軍航空協會

ANRP（Airborne Nuclear Reactor Program）機載核反應堆項目

AO（oiler）油船

AOE（fast combat support ship）快速戰鬥支援艦

AP（armor-piercing）穿甲彈

APC（armored personnel carrier）裝甲人員輸送車

ARB（aircraft rearming boat）航空彈藥船

ARG（Amphibious Ready Group）兩棲戒備大隊

ARM（antiradiation missile）反輻射導彈

ARVN（Army of the Republic of [South] Vietnam）越南共和國陸軍

ASW（antisubmarine warfare）反潛戰

ATAR（antitank aircraft rocket）空射反戰車火箭彈

AvGas（aviation gasoline）航空汽油

BB（battleship）戰列艦

BDA（bomb-damage assessment）轟炸效果評估

BM（boatswain's mate）水手長

BN（bombardier/navigator）轟炸領航員

BuPers（Bureau of Naval Personnel）海軍人事局

BuShips（Bureau of Ships）艦船局

C6F（Commander, Sixth Fleet）第六艦隊司令

C7F（Commander, Seventh Fleet）第七艦隊司令

CA（heavy (8-inch) gun cruiser）重砲巡洋艦

CAP（combat air patrol）戰鬥空中巡邏

CarDiv（carrier division）航空戰隊

CAS（close air support）近距離空中支援

CCDG（Commander, Cruiser-Destroyer Group）巡驅大隊司令

CentCom（Central Command）中央司令部司令

CEO（chief executive officer）首席執行官

CGN（nuclear-powered guided missile cruiser）核動力導彈巡洋艦

CIA（Central Intelligence Agency）中央情報局

CIC（Combat Information Center）戰鬥信息中心

CinC（Commander in Chief）總司令

CinCEur（Commander in Chief, European Command）歐洲司令部總司令

CinCLant（Commander in Chief, Atlantic Command）大西洋司令部總司令

CinCLantFlt（Commander in Chief, Atlantic Fleet）大西洋艦隊總司令

CinCPac（Commander in Chief, Pacific Command）太平洋司令部總司令

CinCPacFlt（Commander in Chief, Pacific Fleet）太平洋艦隊總司令

CincUSNavEur（Commander in Chief, U.S. Naval Forces, Europe）美國駐歐州海軍總司令

CLG（guided missile light cruiser）輕型導彈巡洋艦

CNO（Chief of Naval Operations）海軍作戰部部長

CNP（Chief of Naval Personnel）海軍人事部部長

CO（commanding officer）指揮官

COD（carrier on-board delivery）航母艦載班機

ComNavAirPac（Commander, Naval Air Force Pacific Fleet）太平洋艦隊航空兵司令

CONUS（continental United States）美國本土

CPO（chief petty officer）軍士長

CPX（command post exercise）指揮所演習

CRT（cathode ray tube）電子射線管

CTF（commander, task force）特混編隊司令

CTG（commander, task group）特混大隊司令

CTU（commander, task unit）特混小隊司令

CV（multipurpose aircraft carrier）多用途航母

CVA（attack aircraft carrier）攻擊型航母

CVAN（attack aircraft carrier, nuclear powered）核動力攻擊型航母

CVE（escort aircraft carrier）護航航母

CVL（light aircraft carrier）輕型航母

CVN（aircraft carrier, nuclear powered）核動力航母

CVS（support (ASW) aircraft carrier）反潛戰支援航母

CVT（aircraft carrier, training）訓練航母

CVW（carrier air wing）航母艦載機聯隊

DCNO（Deputy Chief of Naval Operations）海軍作戰部副部長

DD（destroyer）驅逐艦

DDG（guided-missile destroyer）導彈驅逐艦

DE（escort ship）護航艦

DefCon（defense readiness condition）戰備情況

DLGN（guided-missile frigate, nuclear powered）核動力導彈護衛艦

DMZ（Demilitarized Zone）非軍事區

DoD（Department of Defense）國防部

DPG（Defense Planning Guidance）國防規畫指南

EuCom（European Command）歐洲司令部

FAC （forward air controller）前進航空管制員

FAFIK （Fifth Air Force in Korea）駐韓第五航空隊

FAGU （fleet air gunnery unit）艦隊空中射擊訓練部隊

FASRon （fleet aircraft service squadron）艦隊航空兵勤務中隊

FAX （fighter attack plane, experimental）試驗型戰鬥攻擊機

FEAF （Far East Air Force）遠東空軍

FEBA （forward edge of the battle area）戰場前沿

FFAR （forward-firing aircraft rocket）前射航空火箭彈

FY （fiscal year）財年

GCA （ground-controlled approach）地面控制進場

GDA （gun-damage assessment）火砲打擊效果評估

GI （enlisted person or veteran）新兵或老兵

GP （general purpose）總的目的

GQ （general quarters）戰鬥警報

GS （general service）公務管理局

HC （high-capacity）高容量

HM （helicopter mine countermeasures squadron）直升機反水雷中隊

hp （horsepower）馬力

HVAR （high-velocity aircraft rocket）高速航空火箭彈

ICBM （intercontinental ballistic missile）洲際彈道導彈

ID （identification）身分證明

ISE （independent steaming exercises）自行組織的演習

JCS （Joint Chiefs of Staff）參謀長聯席會議

j.g.（junior grade）初級

JOC（Joint Operations Center）聯合作戰中心

JP（jet fuel）噴氣發動機燃油

JS（Joint Staff）聯合參謀部

JSF（joint strike fighter）聯合攻擊機

JSOP（Joint Strategic Objective Plan）聯合戰略目標計畫

KOG（kindly old gentleman）(Admiral Rickover's nickname)老好紳士

LABS（low-altitude bombing system）低空轟炸系統

LCS(L)（landing craft, support (large)）大型支援登陸艇

LDO（limited duty officer）有限委任軍官

LOC（line(s) of communication）交通線

LPD（amphibious transport, dock）船塢運輸艦

LPH（amphibious assault ship）兩棲攻擊艦

LSD（landing ship, dock）船塢登陸艦

LSO（landing signal officer）登陸信號軍官

LST（landing ship, tank）戰車登陸艦

LWF（lightweight fighter）輕型戰鬥機

LZ（landing zone）登陸地區

MAAG（Military Assistance Advisory Group）軍事援助顧問團

MACV（military assistance commander, Vietnam）對越南軍事援助司令

MARHUK（Marine hunter-killer）陸戰隊獵殺

MASH（mobile army surgical hospital）陸軍移動外科醫院

MATS（Military Air Transport Service）軍事空運勤務

MC （multichannel）多頻道

MP （Military Police）憲兵

MPQ （radar-controlled bombing system）雷達轟炸系統

MSO （minesweeper, ocean）遠洋掃雷艇

MSR （main supply route）主要補給線

NAS （Naval Air Station）海航站

NATO （North Atlantic Treaty Organization）北約組織

NATOPS （Naval Air Training and Operating Procedures Standardization）海軍航空兵訓練與作戰標準程序

NAVFOR （naval forces）海軍部隊

NCA （National Command Authority）國家指揮當局

NHF （Naval Historical Foundation）海軍歷史基金會

NOB （Naval Operating Base）海軍作戰基地

NOD （night observation device）夜視儀

NROTC （Naval Reserve Officer Training Corps）後備軍官訓練團

NSA （National Security Agency）國家安全局

NSC （National Security Council）國家安全委員會

NTDS （naval tactical data system）海軍戰術數據系統

NVA （North Vietnamese Army）越南民主共和國陸軍

NVN （North Vietnam）越南民主共和國

NWC （Naval War College）海軍戰爭學院

NWIP （Naval Warfare Informational Publication）海戰信息出版物

NWP （Naval Warfare Publication）海戰出版物

O&M （Operations and Maintenance）操作維護

OMB （Office of Management and Budget）管理和預算辦公室

OpCon （Operational Control）作戰控制

OPDEP （operations deputy）作戰值班

OpNav （Office of the Chief of Naval Operations）海軍作戰部部長辦公室

OpSec （operations security）作戰安全

ORE （operational readiness evaluation）戰備評估

ORI （operational readiness inspection）戰備檢查

OSD （Office of the Secretary of Defense）國防部部長辦公室

PA&E （program analyses and evaluation）項目研究和評估

PCF （patrol craft (fast)）高速巡邏艇

PCO （prospective commanding officer）即將到任的新艦長

POW （prisoner of war）戰俘

PRC （People's Republic of China）中華人民共和國（中國）

PSI （pounds per square inch）每平方英寸的磅數

PT （motor torpedo boat）魚雷艇

PX （post exchange）軍人服務社

QDR （Quadrennial Defense Review）四年防務評估報告

R&R （rest and relaxation）休假

RAF （Royal Air Force）皇家空軍

RDF （radio direction finder）無線電側向儀

RDT&E （research, development, testing, and evaluation）研究、發展、試驗和評估

recce （reconnaissance）偵察

RIO （radar intercept officer）雷達操作軍官

ROE （Rules of Engagement）交戰規則

ROK （Republic of Korea）韓國

ROKAF （Republic of Korea air force）韓國空軍

ROTC （Reserve Officers』 Training Corps）後備軍官訓練團

rpm （revolutions per minute）每分鐘轉速

RTAFB （Royal Thai Air Force Base）泰國皇家空軍基地

RVN （Republic of Vietnam）越南共和國

SAC （Strategic Air Command）戰略空軍司令部

SAM （surface-to-air missile）地空導彈

SAR （search and rescue）搜索救援

SCRAM （emergency shutdown of a nuclear reactor）核反應堆緊急停堆

SEATO （Southeast Asia Treaty Organization）東南亞條約組織

SecDef （secretary of defense）國防部部長

SecNav （secretary of the Navy）海軍部部長

shp （shaft horsepower）軸馬力

SLEP （Service Life Extension Program）使用期延長項目

SOF （Special Operations Force(s)）特種部隊

SOP （standard operating procedure）標準作戰程序

SPACE A （space available）可開放空間

SpecOps （special operations）特種作戰

SSBN （ballistic missile submarine, nuclear）彈道導彈核潛艇

TAC （Tactical Air Control）戰術航空管制

TACC （Tactical Air Control Center）戰術航空管制中心

TACP （Tactical Air Control Party）戰術航空管制組

TADC （Tactical Air Direction Center）戰術空軍指揮中心

TBM （Grumman Avenger torpedo bomber）格魯曼公司「復仇者」魚雷轟炸機

TBS （talk between ships radio）艦艦無線電通信

TF （task force）特混編隊

TG （task group）特混大隊

TNT （trinitrotoluene）三硝基甲苯

TOT （time on target）達到目標時間

TWA （Trans World Airlines）環球航空公司

UCLA （University of California, Los Angeles）洛杉磯加里福尼亞大學

UHF （ultra high frequency）超高頻

UK （United Kingdom）英國

UN （United Nations）聯合國

UnRep （underway replenishment）海上補給

UPI （United Press International）合眾國際社

URG （underway replenishment group）海上補給大隊

US （United States）美國

USAF （U.S. Air Force）美國空軍

USMACV （U.S. Military Assistance Command, Vietnam）美國對越南援助司令部

USMC （U.S. Marine Corps）美國海軍陸戰隊

USN （U.S. Navy）美國海軍

USNR （U.S. Naval Reserve）美國海軍後備隊

USO （United Service Organization）聯合軍種機構

USSR （Union of Soviet Socialist Republics）蘇聯

UUV （unmanned undersea vehicle）無人潛航器

V/STOL （vertical/short takeoff and landing aircraft）短距/垂直起降飛機

VA （attack squadron）攻擊機中隊

VB （bombing squadron）轟炸機中隊

VCNO （Vice Chief of Naval Operations）海軍作戰部副部長

VERTREP （vertical replenishment）垂直補給

VF （fighter squadron）戰鬥機中隊

VHF （very high frequency）甚高頻

VIP （very important person）要員

WSAG （Washington Special Actions Group）華盛頓特別行動組

XO （executive officer）副艦長